一
起，

Happy
Hour

微
醺

Happy
Hour

一起，微醺

dala food 006

一起，微醺

認識這世界的美妙旅程 Happy Hour

作者：韓良露

編輯：洪雅雯

企宣：張敏慧

校對：黃冠寧

總編輯：黃健和

美術設計：楊啟巽工作室

內文排版：盧美瑾工作室

插畫：游明益（IG Neroyu5159）

酒譜：侯力元Dior

法律顧問：全理法律事務所董安丹律師

出版：大辣出版股份有限公司

　　　台北市105南京東路四段25號11F

　　　www.dalapub.com

　　　Tel：（02）2718-2698　Fax：（02）2514-8670

　　　service@dalapub.com

發行：大塊文化出版股份有限公司

　　　台北市105南京東路四段25號11F

　　　www.locuspublishing.com

　　　Tel：（02）8712-3898　Fax：（02）8712-3897

　　　讀者服務專線：0800-006689

　　　郵撥帳號：18955675

　　　戶名：大塊文化出版股份有限公司

　　　locus@locuspublishing.com

台灣地區總經銷：大和書報圖書股份有限公司

　　　地址：242新北市新莊區五工五路2號

　　　Tel：（02）8990-2588　Fax：（02）2990-1658

　　　製版：瑞豐實業股份有限公司

　　　初版一刷：2016年11月

　　　定價：新台幣399元

ISBN 978-986-6634-65-9

Printed in Taiwan

一起，微醺：認識這世界的美妙旅程／韓良露作；--初版.-- 臺北市：大辣出版：大塊文化發行，
2016.11 面：15x23公分.-- （dala food；6）ISBN 978-986-6634-65-9（平裝）1.品酒 2.文集
427.4307　105019013

Happy
Hour

我的微醺之戀

——韓良露

當年《微醺之戀》出版時頗受歡迎，尤其許多原本不愛喝酒的讀者紛紛向我表示，讀完該書後，會突然開始對書中所提到的某些酒或某款酒感到飢渴，恨不得立刻嘗到那種滋味。

沒想到《微醺之戀》竟然成為鼓勵人想飲酒的書！如果該書出版在實施禁酒令的年代或是激進伊斯蘭教國家中，恐有引人犯罪之嫌。

還好我所鼓勵的是——微醺狀態；一種我以為是人和酒之間最美好的親密關係，是身體開始柔軟、腦子開始放鬆、靈魂開始奔馳的時刻。

其實，讀者從書中所引發的酒之渴求，正是對這樣微醺狀態的嚮往。

喝酒宜微醺，因為只有在微醺之中，才能細細品味微醺六感的過程：先是來自酒的感官滋味；然後有了奇異的感覺，形成對不同酒款的感受；感受擴大後，有了感動，也許是對酒，也許是對身邊的人，也許是對一輪明月、清風或某首樂曲；總之，人變得容易對生命感動了，生活不再那麼平面，世界有了嶄新的視野；許多感觸冒了出來，青春、舊情、季節再度擊中內心最柔軟的部分；酒成為靈媒，喚起了生之感慨，凡人也有了詩意，詩人則詩興大發。

微醺之旅要慢慢品酒、細細體味。狂飲縱酒之徒，往往飲酒不為喚起生命內在的六感，而是為了逃避，飲酒是為了忘掉人生。

這本書，不是為了這些一醉解千愁的人所寫的。我提筆為文，是為了那些能把酒當成探訪美好人生的幸福旅伴的朋友。

因為有了酒為旅伴，才讓我拜訪了世界上許多迷人的酒鄉，酒也帶領我認識了不同國度的風土民情。因為酒，生命中某些情感的片刻，化成了永恆的記憶。

酒，豐富了我的人生，濃縮了獨特的時光，如今，再回首這本新版的《一起，微醺》，很為自己高興曾經寫下這本書，因為知道這是一本也可以帶給讀者快樂與心動的書。（第二版的序寫於2007年）

* 一版《微醺之戀》，二版《微醺》，新版《一起，微醺》（大辣出版）。

記憶的酒精濃度

──朱全斌

為了寫這篇序，我斟上了一杯今年夏天去札幌旅行時帶回來的余市純麥芽威斯忌，這不是我的作風，我本來就沒有喝酒的習慣，更別說獨飲了，但是今晚我想要喝到微醺，讓酒香領著我回到過去，那個喜歡嘲笑良露總是背著我喝得滿臉通紅，還跟我說她只小酌了一小杯的時刻。

為了寫這本書，那時她像個小公務員似的，非常有紀律，每天一早就搭捷運去她位於竹圍的那間書房，有時忘記了時間，待到晚上還沒回家，我電話三催四請都沒反應，就會直接開車過去找她，經常見到她瞇著眼，大書桌的稿紙旁擺著一杯威斯忌，露出兩頰的酒窩，對我說，她只喝了一點點。

我當然知道她不是會把自己喝得爛醉的那種人，那樣太沒格調了。但是我喜歡嘲笑她是個酒鬼，因為我一向是比較節制的那位，而她也因此養成背著我喝酒的樂趣。甚至有時會在相熟的餐廳、咖啡店都藏上一瓶烈酒，不讓我知道，就像我們在英國的蘇格蘭律師，總是在事務所裡放著瓶Scotch一樣。

除了她二十六歲那年，我們曾經到六本木的夜店去玩，開通宵的店家Open Bar，雞尾酒隨便點，剛迷上此道的她連喝了十幾杯，把這本書中提到的品項都嘗了一圈，終而反胃嘔吐，瀕臨醉酒邊緣外，印象中我沒見她酩酊過。她那樣喝是為了研究，而研究的興趣其實還大過於喝酒本身，不然我們家中也不會在一個小吧台上堆滿了喝不完的蘭姆酒、龍

舌蘭、伏特加、琴酒、利口酒、白蘭地等基本酒款，而她卻在搞通了，也寫完了文章之後，就不怎麼回顧了。

當然，雞尾酒本來就不是她的最愛，就像她也不是很愛白蘭地、雪莉酒或中國的黃酒，但她喜歡經驗各種酒的滋味以及不同的飲酒情境，自小嗜讀西方文學名著的她，早就受到海明威、康拉德、西默農、葛林、杜斯托也夫斯基……這些她心儀的作家啟蒙，在他們的書中讀到各種酒與不同生命情境間的糾葛關聯，透過酒的品嘗，她好像也更可以親近他們的文學心靈。

喜歡美食的良露，雖然在吃中國菜時沒有飲酒的習慣，但是，對高粱酒她卻情有獨鍾。我記得當我們三十來歲在做電視節目的時候，兩人最喜歡的消遣就是去瑞安街買上一大袋豐盛的老楊滷味，配著上好的陳高，邊飲酒吃菜聊天，邊看著租來的錄影帶，親密、自在而溫暖，這樣的夜晚真令人懷念啊。

一九九一年，在結束了三年的電視新聞節目工作後，我們將公司解散，買了兩張環遊世界機票由西往東飛，展開了我們的異國探索之旅。旅程中，我們學會跟西方人一樣在用餐時都佐以葡萄酒，懂得欣賞了酒與食物的搭配之妙，而良露也因而認識了更多她原本陌生的酒類，像是茴香酒、蜂蜜酒、葡萄渣釀白蘭地（Grappa）、托卡伊酒……我們的遊玩總因這些新鮮的發現而變得更為有趣。

在旅居英倫的五年當中，飲酒更逐漸成為我們生活的一部份，她喜歡帶著一本書在下午時分到家附近的愛爾蘭Pub點一杯健力士（Guinness），然後從容地混上兩、三個小時；她也喜歡在Marx & Spencer超市買完菜後，順便在酒架上選一款葡萄酒帶回家，我們在法

國、義大利、美國之外，也開始嘗到來自智利、澳洲、阿根廷、南非的酒，而每年十月初的薄酒萊新酒上市，我們更是從來沒錯過。夏日午後，我們經常提著籃子到海德公園野餐，在蘋果、葡萄、起司、火腿……之外，裡面總會有瓶香檳，或是她喜歡的麗絲琳（Riesling）或夏布利（Chablis）；在寒冬時，偶爾她也會學法國人給自己做上一杯摻了肉桂與柳橙的熱紅酒，然後裹著毛毯，窩在舒適的靠背沙發裡想事情。

回台灣以後，良露投入寫書的工作，在出了四本占星書之後，她開始記錄她對飲食的經驗與記憶。翻閱著這本十五年前寫就的書，我好像重新回到了跟她共度了三十年的前半生，在迷濛記憶中，隔著薄霧般的景像，彷彿在杯觥交錯間，我又聽見她天南地北地高聲談笑，也看到那泛著酒窩兩頰通紅的面容。

一直以來，我都是扮演著勸良露要少喝點的那個掃興角色，如今她不在了，我卻在替她重溫那獨飲的滋味，我不禁感慨、感傷也莫名地感動起來，好像懂得了她說的微醺六感的境界。青春已逝，幸福不再的感觸在酒精的催喚下告訴我，生命中深刻的情感，如今都已成永恆的記憶，在微醺中可以有美好的記憶相伴，我們仍然相濡以沫，又何必為了相忘而要飲醉方休呢？

Contents

part. 1

用青春調的酒

狂戀雞尾酒│南洋薰風雞尾酒│粗獷龍舌蘭
倫敦寂寞馬丁尼│情熱愛爾蘭咖啡│蘭姆酒黑靈魂│冰封伏特加
分手琴湯尼│悲傷瑪格麗特│血腥瑪麗歡歌

喝雞尾酒的年華，我還正抓住青春年少的尾巴，飲酒作樂的記憶，
和當時激情晃盪的生活緊密相關，如同變化多端的雞尾酒一般；每
一種酒款都新奇好玩，就像當時的感情生活花樣百出一樣，即使不
敢讓戀人數量如同上百種酒款，但與戀人變化的感情卻比上百種酒
樣更讓人眼花撩亂。

狂戀
雞尾酒

當年自己曾玩過一個遊戲，用不同的雞尾酒來代表不同的情感變化：像兩人相處濃情密意時，就如「Piña Colada」（鳳梨可樂達）；一樣好喝甜蜜，但吵得火爆時，彼此辛辣相對，只有「Bloody Mary」（血腥瑪麗）可比擬；有時淚眼相垂，覺得自己像一款「Salty Dog」（鹹狗）……

二十歲出頭時，有一陣子迷上雞尾酒，不僅常常到酒吧享用，還買上一大堆的雞尾酒書及各式酒品，在家中設了一個小吧台，經常自任酒保，調酒給自己喝外，每有客人來訪，一定不忘露上幾手。

　　當年腦中背有的酒譜，少說也有上百種，雖然不及職業酒保的功力，但在友輩中，也算小有功夫，就這樣玩玩弄弄好幾年。家中冰箱常備永遠整齊方整的冰塊，奎寧水、蘇打、薑汁汽水也永遠在冰箱中占有位置，再加上椰漿、橙汁、石榴汁、鳳梨汁、番茄汁等等，一個大冰箱幾乎有一半空間都成為雞尾酒料的庫存地。

　　後來不知怎麼回事，這股雞尾酒狂熱卻突然消失了，飲酒慢慢變成純飲威士忌或佐餐紅白酒，家中的雞尾酒吧就此宣告打烊，除了上酒吧偶爾點飲外，在家想喝酒時，都不再調製雞尾酒。

　　喝雞尾酒的年華，我還正抓住青春年少的尾巴，飲酒作樂的記憶，和當時激情晃盪的生活緊密相關，如同變化多端的雞尾酒一般；每一種酒款都新奇好玩，就像當時的感情生活花樣百出一樣，即使不敢讓戀人數量如同上百種酒款，但與戀人變化的感情卻比上百種酒樣更讓人眼花撩亂。

　　當年自己曾玩過一個遊戲，用不同的雞尾酒來代表不同的情感變化：像兩人相處濃情密意時，就如「Piña Colada」（鳳梨可樂達）；一樣好喝甜蜜，但吵得火爆時，彼此辛辣相對，只有「Bloody Mary」（血腥瑪麗）可比擬；有時淚眼相垂，覺得自己像一款「Salty Dog」（鹹狗），而對方則倔強頑固得像「Moscow Mule」（莫斯科騾子）；但等到和好攜手雨過天青後，心情就如「Teguila Sunrise」（日出龍舌蘭），好像戀情又充滿希望；這時戀人的吻有如「Angel Kiss」（天使之吻）；而在「Between the Sheet」（床笫之間），兩個人以為對彼此的愛是真的「No Discount for Love」（沒有折扣的愛）。

　　但這一場「Golden Dream」（金色的夢）當然會醒，醒來時有如置身「Blue Coral Reef」（藍色珊瑚礁），到處都是刺人的珊瑚及憂鬱

的海水藍，心情不再激動，只有微微哀愁、苦澀如「Gin Tonic」（琴湯尼），最後決定分手，兩個人各找自己的「Cuba Libre」（自由古巴），我去「Around the World」（環遊世界）尋找自己的「Tomorrow」（明日），對方再找「Tropical Itch」（熱情之癢），做他的「Senior Playboy」（資深花花公子）。

最近整理舊書桌，看到自己年輕時瞎編的雞尾酒口令，簡直笑翻天，在此為記，供讀者一笑。如果有人想傲效調製這些酒款，在市面一般的雞尾酒書中，大概都可找到。如果想和某人表明心跡，也許不必明說，請對方到一酒館，點上其中一款酒，如果對方也讀過本書，大概就會一切盡在不言中。

如今已屆中年，已經不再如此狂戀雞尾酒，平日最常飲用的酒款，只剩下琴湯尼及血腥瑪麗兩款，一則清新微苦，是中年覺醒的心得，另一刺激帶辣，則是中年不甘老去的滋味。

莫斯科騾子
Moscow Mule

by　調酒師侯力元

就像被騾子狠狠踹飛一腳。

無論是嗆辣的薑香味所造成的效果，還是隨之而來的酒精後勁所導致，喝過莫斯科騾子的人雖然不知道被騾子踹飛是什麼感覺，但不約而同都可以從入口的種種體驗，理解這款酒取了這個名字的原因。

一說是一九四〇年左右，一位好萊塢的調酒師和英國的伏特加酒廠思米諾（Smirnoff）合作，為了要研發出適合一般人居家隨手可調的簡易調酒，才有了莫斯科騾子的配方。

究其酒譜只有三樣材料，的確是從隨手可得、簡便為發想；只不過，這「隨手可得」四個字，應該是專指歐美，其他國家地區可能就不一定適用了。因為在伏特加、萊姆汁以外，第三樣材料即是莫斯科騾子以酒入酒的薑汁啤酒。

趕著這波精釀啤酒的風潮，眼下要喝到薑汁啤酒已非難事，但早在這之前，市面上以薑作為飲料的，只有傳統薑母茶聊備一格，更別說是要在酒裡加入薑汁。或有薑汁汽水，但與莫斯科騾子配方不符，而且實際使用的程度也很低，有的店家索性不提供需要用到薑汁的飲料。

就連調酒大國日本也要到專賣店才買得到薑汁啤酒，能喝到銅馬克杯裝的莫斯科騾子全憑機緣。下次看到了記得點上一杯，踹踹看！

材料

伏特加	60ml
萊姆汁	少許
薑汁啤酒	杯子的8分滿
新鮮薑片	適量

作法

在銅馬克杯中加入伏特加與萊姆汁，充分攪拌後，倒入薑汁啤酒，按照各人口感放入薑片，輕輕勾兌即可。

喜歡薑片的辛辣口感者，可先放入薑片搗壓。

南洋
薰風雞尾酒

東方酒店，一直很懂得保存一種懷舊的美好時代的情調，就像邁泰雞尾酒一樣，甜美中帶著淡淡的苦澀；甜美的是西方人對殖民地的懷舊，苦澀的是東方人對被殖民的不堪回首。

一九八六年，我寫了三檔連續劇。寫電視劇本並非我所愛，卻是當時我所能做的最可以賺錢的工作，為了平衡自己，我決定在愉快的環境中寫東西。那一年，我去了新加坡三次，每次都住在威斯汀史丹佛旅館（現為Swissôtel The Stamford）半個月，然後在旅館中趕劇本。

　　寫劇本雖然有不錯的收入，但絕對負擔不起這樣五星級飯店的開銷。我之所以可以下榻史丹佛，因為剛好適逢新加坡計畫經濟出了大紕漏之時。先前在新加坡政府的鼓勵下，好幾個五星級旅館相繼落成（如泛太平洋飯店〔Pan-Pacific〕、文華東方飯店〔The Oriental〕等），可是等旅館蓋好後，卻沒有旅客入住。八六年二月，我住進史丹佛時，只有一成的客人，而我透過當地旅行社拿到的優惠價，竟然一晚只有美金四十八元！

　　在史丹佛旅館寫劇本那段時期，日子過得很愜意。早上起來，先在旅館頂樓游泳，然後去我迄今仍喜歡、每次到新加坡都必定會去的旅館附設「亭仔腳」咖啡室坐坐。這間飯店的咖啡室，是以閩南混合南洋的建築風格所設計的；在那裡，早餐的木瓜一定會加上萊姆汁，炒蛋可以要求加蘿蔔乾，還可以一大早喝「Virgin的Piña Colada」（無酒精的椰子鳳梨汁）。

　　亭仔腳的椰子鳳梨汁，用的是新鮮椰肉和鳳梨加碎冰打出來的，在南洋熱熱的早晨，喝一杯這樣口味濃郁又體質清涼的飲料，可以喚醒有點慵懶的情緒，準備著待會兒回房去工作。

　　通常我會寫到中午一點，在房間叫「Room Service」（客房服務），常常吃的是一份簡單的三明治及可口可樂。接著再繼續奮戰到下午五點，就算結束一天的工作。

　　下午五點，是南洋白天中最好的時間，燠熱的氣息稍減，海上的風開始吹向陸地，走在熱帶濃密的綠蔭下，呼吸著略帶鹹鹹海風味的空氣，陽光的顏色逐漸轉成淡淡的金黃色，讓大地變得嬌媚柔豔，像戴了面紗的女人。

在結束一天工作的傍晚閒情中，我常常走向當時還未改建的萊佛士旅館（Raffles Hotel）。我喜歡那時的萊佛士，有著真正殖民時代留下來的餘韻，不像今日改建後的旅館，變得像電影布景般做作。萊佛士旅館內的作家酒吧（Writers），「Happy Hour」*才開始，但金融區的客人還沒下班，我可獨享一個小時左右的寧靜。

在作家酒吧，當然要點「新加坡司令」（Singapore Sling），這款雞尾酒誕生於此，據說曾是英國作家毛姆（William Somerset Maugham）的最愛。毛姆、康拉德、密契納（James A. Michener）都來過作家酒吧，牆上還掛有他們的黑白照片，述說著殖民地時期西方靈魂對東方神祕的遐想。

新加坡司令有著熱帶的熱情，琴酒加君度橙酒（Cointreau）和櫻桃白蘭地，再加入檸檬汁、柳橙汁、鳳梨汁，還有紅石榴糖漿，再點上兩滴班尼狄克丁（Benedictine，香草酒），一起放入雪克杯中與碎冰搖晃，就變出一款萊佛士旅館的粉紅色雞尾酒。這款酒分量不少，可悠閒品嘗，適合紳士及淑女飲用。但現在男生都不喜歡當紳士了，只剩下女性點新加坡司令。

經典的東方邁泰Mai Tai

除了新加坡的萊佛士旅館外，在泰國的曼谷，也還有另一家殖民時期的偉大旅館「文華東方酒店」（The Oriental Hotel）。

位於湄南河（Chao Phya River）邊上的文華東方酒店，有著比萊佛士旅館更迷人的熱帶風情。潮濕帶泥土味的河上吹來的風，有時夾帶著上游魚市場、水果市場的腐爛、甜美與生腥的氣息，讓聞慣高級香水的上流社會白人覺得分外刺激。那是一種生命的氣息，在一條像城市的生命鏈般的河流上吹拂著。

東方酒店也有許多傳奇，小說家毛姆在一九二〇年代末期差點

因染上熱病而病逝該處，而傳奇性失蹤的泰絲大王金湯姆森（Jim Thompson）所創造的結合南洋和西方美感的唐藩混種美學，如今還是東方酒店室內布置的美學基礎。

東方酒店的綠竹酒吧（Bamboo Bar），就是這種美學的展現。南洋藤器配上英國風的碎花布，以竹葉為底的壁布配上法蘭西的水晶燈，燈下金髮白膚的西方男子，摟著黑髮巧克力膚色的東方女子。

一九九○年，我在文華東方酒店住了一周，當時我正著迷泰國菜，還在酒店上烹飪課程。每天跟檸檬草、辣椒、魚露、薄荷葉、香蘭葉、紅蔥頭等等香草打交道，全身都沉浸在這些東方香料的感官愉悅之中。

有時下了課，我便會一個人，或和烹飪課的同學一塊到酒吧去。我總愛叫一杯酒店聞名的東方邁泰（Oriental's Mai Tai）。我喜歡坐在酒吧的露天涼台上，吸飲著冰涼的雞尾酒，看著湄南河上曳航的大船小舟，偶爾還傳來電動馬達的噗噗聲響。當日落西沉，天色逐漸變深，對岸的點點燈火亮起，酒吧樓下亭園中的樹影變得黯暗迷離，我看到一位穿著金湯姆森印花布的金髮西方女子，正和一位高挑的東方男人在樹影下擁吻。

綠竹酒吧晚上有爵士樂演奏，這裡的氣氛令人想起美國一九二○年的爵士年代，酒吧的側門則通向一間古巴雪茄屋。我去的那年，抽雪茄還是很老式懷舊的情調，美國加州的雪茄狂潮也尚未開始（雖然其後蔓延全世界，連台灣都開了不少古巴雪茄屋）。

東方酒店，一直很懂得保存一種懷舊的美好時代的情調，就像邁泰雞尾酒一樣，甜美中帶著淡淡的苦澀；甜美的是西方人對殖民地的懷舊，苦澀的是東方人對被殖民的不堪回首。

·　Happy Hour：酒吧或餐廳為了吸引顧客，而提供減價飲料的時段。

新加坡司令
Singapore Sling

by 調酒師侯力元

很明確地，萊佛士旅館的華裔調酒師嚴崇文，他以改良琴湯尼為目標，做出了新加坡司令這款紅潤甜口的調酒。司令並不是軍事用詞，而是酒精混同了酸甜味之後，兌水調和的一種源自德語的調酒方式Schlingen。用琴酒做底，搭上櫻桃白蘭地，調一點酸甜後，最後加入汽水飲用，即是「司令」Sling的作法。

萊佛士旅館舊貌還在，白色粉牆與紅磚瓦，巴洛克式或也混搭了一點南島氣息的樑柱與雕飾。曾接待過英國女皇伊麗莎白二世以及玉婆伊莉莎白泰勒，那樣尊榮不凡的萊佛士旅館，以它有著一道名聞世界的新加坡司令，而更錦上添花，成為一間未受到二戰砲火襲擊的歷史旅館，見證了亞洲地區的殖民史。

萊佛士旅館原酒譜已經遺失，目前新加坡司令酒譜是以往調酒師，按照口感與遺留的筆記還原。

材料

材料	份量
琴酒	40ml
君度橙酒	10ml
櫻桃白蘭地	10ml
法國廊酒（班尼狄克丁）	5ml
檸檬汁	10ml
現榨鳳梨汁	60ml
安格式苦精	1dash*
紅石榴糖漿	1dash
蘇打水	少許

作法

除了蘇打水外，所有材料加入雪克杯搖盪後，過濾倒入加滿冰塊的玻璃長杯，加入少許蘇打水攪拌。

藥草系列的廊酒與苦精，切記少量使用，以免影響整杯酒的口感。

· Dash（抖振）在酒譜中指的是容量單位，就是倒轉瓶口上下抖振一次所倒出的液體量1個
dash約1ml。

粗獷
龍舌蘭

什麼是墨西哥人配龍舌蘭酒時放的鹽呢？原來有種棲身於龍舌蘭植物上的一種寄生蟲（Gusano），墨西哥人會把Gusano蟲乾煎磨成粉末，再與辣椒粒、鹽巴混合，這種怪鹽巴才是喝龍舌蘭酒時該用的鹽。墨西哥人相信，龍舌蘭酒添加這種特製鹽有神奇的醫療功效，可以治百病。

很多人以為龍舌蘭酒＊（Tequila）是仙人掌做的酒，並非如此，事實上是從龍舌蘭樹液發酵蒸餾出來的酒。標準的龍舌蘭酒至少必須包含百分之五十一以上的龍舌蘭原料。喝純龍舌蘭，有種十分粗獷的喝法，首先倒好一小杯龍舌蘭酒，再在手背上靠近虎口處灑鹽，再準備好切成四分之一大小的檸檬或萊姆。先像貓一樣舔一口鹽，再一口灌盡龍舌蘭酒，之後再拿檸檬或萊姆砸嘴，發出像蜥蜴的嘶嘶聲。真是過癮、刺激、野蠻、瘋狂的滋味。

有名的龍舌蘭雞尾酒瑪格麗特（Margarita）的喝法，則是文雅版。一盎斯的龍舌蘭酒加半個檸檬或萊姆汁，再加白橙皮酒，再加碎冰在雪克杯中搖晃，倒入邊緣抹鹽的雞尾酒杯，即是成品。飲用時，也是一口舔鹽，一口喝瑪格麗特。該調酒據說是某位酒保為了懷念他早逝的初戀情人而發明的作法，比較有女性風味，也比較適合大都會中的雅痞點用。然而這種喝法，如今變成全世界最流行的龍舌蘭酒喝法，也是美國、歐洲的墨西哥餐館中點酒率最高的雞尾酒。

早年我很喜歡喝瑪格麗特，尤其配上墨西哥餐館提供的原味玉米片沾「Salsa醬」（番茄、洋蔥碎粒加辣椒汁做成的沾醬）閒吃，可以好幾杯下口，不亦樂乎。

以龍舌蘭酒調製的雞尾酒，另一款也十分有名，叫龍舌蘭日出（Tequila Sunrise）。在附有冰塊的雞尾酒杯中，加入一盎斯的龍舌蘭酒，再倒入二盎斯的梅子汁，先輕輕拌勻，再慢慢倒入兩茶匙的石榴糖漿，由於比重大的糖漿會沉入杯底，所以整杯酒看起來，就像旭日正要東昇。龍舌蘭日出酒很美，我叫過一次，但後來就沒再喝過，因為口味不合。喝雞尾酒就是這樣，每個人的喜好各有不同，只要自己喜歡就好。

以前，我一直以為喝純龍舌蘭或瑪格麗特，其所加的鹽就是一般的鹽，差別只有精緻的細鹽或風味較豐富的岩鹽、海鹽之分（當然後者的鹽較好）。直到去了墨西哥的提華納（Tijuana），才知道墨西哥人說的鹽，可不是普通的鹽。

什麼是墨西哥人配龍舌蘭酒時放的鹽呢？原來有種棲身於龍舌蘭植物上的一種寄生蟲（Gusano），墨西哥人會把Gusano蟲乾煎磨成粉末，再與辣椒粒、鹽巴混合，這種怪鹽巴才是喝龍舌蘭酒時該用的鹽（Sal de Gusano）。墨西哥人相信，龍舌蘭酒添加這種特製鹽有神奇的醫療功效，可以治百病。

　　提華納的酒保力薦我嘗試這種真正的龍舌蘭喝法，好奇的我當然樂於遵命，我努力不去想什麼蟲不蟲的，就當成是胡椒粒吧！這種特製鹽的顏色灰灰黑黑，可以嘗出鹽巴的鹹味，辣椒的辣味，還有一種奇怪的腥味（也許是Gusano蟲的味道）。

　　這種鄉土喝法，也是只此一次，下不為例。我想著如果紐約、巴黎、倫敦的高級酒館賣著瑪格麗特時，都用這種墨西哥特製鹽，不曉得點酒率會變成多少？

　　熱心的酒保見我勇於嘗試，又告訴我另一種龍舌蘭酒的喝法，是更鄉下的喝法，他說他老家的老人最喜歡這麼喝了。原來墨西哥盛產辣椒，光是種類就有五、六百種，種種口味不一、辣度不一。墨西哥人嗜辣，越老吃得越辣，因此老人喜歡邊喝純龍舌蘭，邊嚼生辣椒。

　　酒保拿了個綠色的小辣椒給我，問我要不要試試。我一看就知道這種辣椒絕對是泰國指天辣的等級，心臟不好的人吃一口，再配上強勁的龍舌蘭，說不定馬上心臟麻痺。我拒絕了，看得出酒保的表情有點失望。他想幹嘛？看我昏倒來段英雄救美嗎？

　　其實烈酒加辣椒的吃法，我以前也看過，像蘇俄、波蘭人流行在伏特加酒瓶中加進紅色的辣椒，當成調味，讓伏特加的刺激加上辛辣味的刺激，達到雙重效果。但直接吃生辣椒配烈酒，那也太猛了吧！可見墨西哥老人的心臟一定不錯。

　　我想起了墨西哥老巫士唐望（Don Juan），如果可以遇見他，和他來一杯龍舌蘭加辣椒，那我就願意捨命陪君子，因為若有三長兩短，他大概會把我救活。

龍舌蘭日出
Tequila Sunrise

by 調酒師侯力元

最知名的龍舌蘭調酒，除了單杯直走的抹鹽Shot之外，就是龍舌蘭日出了。把柳橙汁和龍舌蘭酒搖成黃澄澄的酒湯，倒入裝了冰塊的長飲型杯中，最後用吧叉匙的螺旋設計，將紅石榴糖漿輕輕倒入；因為糖分比重的關係，紅石榴糖漿會沉底，呈現日出的感覺，是一道玩心頗重，而且嘗起來果香酸甜十足的酒。一九七二年滾石樂團（The Rolling Stones）在墨西哥巡演，主唱米克‧傑格（Mick Jagger）太愛喝這杯酒了，幾乎天天都要一杯，這杯酒的名氣一時傳了開來；而老鷹合唱團（Eagles）也在第二張專輯《亡命之徒》（Desperado）中，替龍舌蘭日出寫了一首同名的歌，自此之後，這杯本來只是墨西哥隨興的地方調酒，就搖身變成每間酒吧都不可或缺的經典款了。

材料

龍舌蘭	45ml
新鮮柳橙汁	適量
紅石榴糖漿	10ml

作法

在可林直杯中先加入冰塊，倒入龍舌蘭與柳橙汁，充分攪拌後。
利用吧叉匙的螺旋紋緩緩倒入紅石榴糖漿。
務必挑選較好的紅石榴糖漿，否則口感會大打折扣。

‧ 在墨西哥以龍舌蘭草為原料的蒸餾烈酒被統稱為Mezcal。Mezcal與Tequila的關係類似於白蘭地（Brandy）與干邑白蘭地（Cognac）。只有在某些特定地區、使用一種稱為藍色龍舌蘭草（Blue Agave）蒸餾酒才配叫做Tequila，其他的只能叫Mezcal。
墨西哥政府設有Tequila規範委員會（Consejo Regulador del Tequila，CRT），因為這關乎國家經濟命脈龍舌蘭酒的品質水準，所以該會仿造白蘭地、威士忌的評鑑方式，訂定嚴密的分級制度，除了銀色金色的外觀辨別之外，還有陳年的龍舌蘭酒；一支四年儲存由政府派員親上封條的龍舌蘭，行情可以比拼三十年的蘇格蘭威士忌或同等干邑白蘭地。

倫敦
寂寞馬丁尼

當我第一次在酒吧點了這杯酒後，就深深為它的外貌著迷：扁薄透明的雞尾酒杯，有如一朵冰雕的荷花，酒杯上沾著水滴，再加上酒杯內彷彿白霧的冰凍琴酒加乾苦艾酒，有種強烈的疏離感，而沉澱在杯底那顆小小的青橄欖，則有種說不出的蕭索感。這顆酒中青橄欖，每每讓我覺得有種充滿誘惑性的寂寞，彷彿一位坐在單身酒吧中落寞的女子。

如果要選一種雞尾酒來代表寂寞的話，我會選馬丁尼（Martini）。

曾經有一部電影叫作《尋找好酒吧先生》（Looking for Mr. Goodbar），敘述一位單身女子在單身酒吧尋找一夜情的故事。我常覺得那個女子不管置身在哪裡，她叫的雞尾酒一定是馬丁尼。為什麼呢？這樣的聯想，其實是先從馬丁尼酒的外觀而來。當我第一次在酒吧點了這杯酒後，就深深為它的外貌著迷：扁薄透明的雞尾酒杯，有如一朵冰雕的荷花，酒杯上沾著水滴，再加上酒杯內彷彿白霧的冰凍琴酒加乾苦艾酒，有種強烈的疏離感，而沉澱在杯底那顆小小的青橄欖，則有種說不出的蕭索感。這顆酒中青橄欖，每每讓我覺得有種充滿誘惑性的寂寞，彷彿一位坐在單身酒吧中落寞的女子。

這樣的落寞女子，我曾在世界各地的酒吧中見過；有的人坐在靠窗前的扶椅上，呆呆地望著街景，也許正在等著一個不知為何未現身的情人；有人坐在吧台高椅上，雙腳誘惑地交叉而坐，手指輕輕撫摸酒杯邊緣，一副心事重重、等著別人來打開心扉的樣子；還有人斜坐在酒吧的沙龍椅上，眼光流盼，打量著屋內的單身男子，傳達著無盡的挑逗。

我就是在這樣的地方，認識了日本女孩久美子。第一次相遇，我原本和久美子的日本友人桃子相約在倫敦蘇荷區的波希米亞酒吧碰面。我比較早到，早就觀察到另一名單身東方女孩，坐在酒吧的一角默默地放著電。

久美子並不年輕，大約三十歲，因此不宜形容她為女孩，但如果你認識了她，便會覺得叫她女孩，比叫女人合適多了。她像某種類型的日本女孩（但並非所有日本女孩都是這樣），化妝一絲不苟，梳著整齊的頭髮，穿著小碎花的洋裝，打扮得像洋娃娃。這樣的洋娃娃，臉上帶著自然的害羞神情，猛一看是非常有教養而保守的東方女孩。但仔細多看兩眼後，又會發現她帶著輕微神經質的野性，彷彿一頭發情的母綿羊。

一進門就看到久美子，當時我當然還不知道她的名字，但是她的不安、她的忸怩、她壓抑的性感，卻讓我多看了兩眼。首先，她有種很獨

特的坐姿，彷彿選美會有項競賽是比賽坐姿似的，另外，她幾乎不停地用手輕撫著她捲至肩頭的秀髮，眼神又四方顧盼，我當時就知道這個東方女子在「Looking for Mr. Goodbar」。

我等了一會，桃子進來，沒想到她竟然與這名東方女子相識，桃子介紹我們認識，我才知道她叫久美子，大阪人，在倫敦的日本商社做祕書。久美子遇到了桃子，似乎有些不安，過沒多久，她就離去了，這時桃子才告訴我她的故事。

她們兩人曾是倫敦的英語學院同學，有一次學校突然來了外事警察要找久美子。原來她住宿的寄宿家庭發現久美子失蹤兩夜，十分擔心，不知她的去處，所以報了案，警察便來她上課的地方詢問。沒想到警察才來不久，久美子就出現了，她一點都不見慌張，跟警察談了一會兒後，就回班上上課。事後，桃子才從跟久美子熟識的另一日本女孩口中聽到，原來久美子和那女孩在某酒吧遇到一位愛爾蘭男子，當時，久美子就和這名愛爾蘭人走了。那名女孩還告訴桃子，久美子的皮包中永遠帶著避孕套，永遠「Standby」（準備就緒）。

後來桃子和久美子熟了，才知她日夜過著雙重生活。白天她是極有禮、認真、保守的Office Lady（辦公室女郎）；晚上卻又常流連在不同的酒吧，挑選不同的男人。桃子說，久美子的口味很聯合國，從西方的金髮藍眼、到拉丁的褐髮棕眼、到阿拉伯的黑髮黑眼，她都喜歡，唯一不要的，是日本男人。

我後來並未再遇到久美子，但奇怪的是，她的模樣一直留在我的記憶深處。而那天她喝的就是馬丁尼。她就像那顆青澀的小橄欖，在一片清涼如霧的酒中浮沉，隨時等待著某人一口挑出吃掉。

馬丁尼
Martini

by 調酒師侯力元

少數幾款經典調酒當中，馬丁尼特別考驗調酒師攪拌酒水的功力。材料單純的馬丁尼不搖不盪，只靠調酒師的手腕與眼光，精準地測出琴酒、香艾酒、苦精，還有最重要的——冰塊的量，在適當的力道與時間點，將這些材料冷卻，並且讓冰塊在最完美的時間點內融化，噴擠一點檸檬皮的精油，順口僅帶一絲絲清苦的馬丁尼才算完成。

莫看輕這攪拌的技術，誤以為是調酒師故弄玄虛，冰塊融化後的水分將會嚴重影響酒精濃淡，過嗆或過稀的口感，就是每個酒客喝錯家而把馬丁尼列入黑名單的原因。如果把蛋打好是烘焙的奧義，那麼把馬丁尼攪好自是調酒的訣竅，如此還能說攪拌容易嘛！

馬丁尼的原創者或許不清楚了，但是促使馬丁尼流行的最大功臣，就是電影。不僅僅是常見電影《007》男主角詹姆士・龐德（James Bond）愛喝馬丁尼，舉凡所有小道具或情節中需要用到酒的，若非香檳紅白酒，就必定是馬丁尼，一個個倒三角型的酒杯，層層堆疊出馬丁尼的偉大聲望，任其他調酒望塵莫及！

材料

琴酒	60ml
苦艾酒	30ml
柑橘苦精	1dash
綠橄欖	2顆
檸檬皮	少許

作法

在攪拌杯中倒入琴酒和苦艾酒，以及柑橘苦精。
放入適當的冰塊，充分攪拌後，隔冰過濾倒入馬丁尼杯中。
在酒面扭出檸檬皮的精油，串起兩顆橄欖放入酒中。

情熱
愛爾蘭咖啡

發明愛爾蘭咖啡的酒保，在都柏林附近一個漁港的酒吧工作，每當
天氣嚴寒時，他看到冰凍著臉與雙手的水手，下船來到酒吧，仍然
喝著冷冰冰的愛爾蘭紅啤酒奇肯尼（Kilkenny），就覺得很過意不
去。於是他想到把愛爾蘭威士忌加上熱咖啡和糖，調成一杯可以取
暖又可以提神的酒精飲料。

有一年二月，應朋友之邀，去蘇格蘭高地小住。去之前，倫敦的朋友就警告我，要帶足禦寒設備，毛帽、手套、毛襪、羊毛內衣等等絕不能少，並說高地少屏障，凜冽的冷風從北極往下吹，會直吹入人的骨子裡，讓人從骨頭裡寒出來。

偏偏我抵達愛丁堡時，又遇上強勁的寒流入侵，冷上加冷，使得一直以為不太怕冷的我，在沒穿足全套寒衣上陣，才在愛丁堡的皇家哩路（Royal Mile）大道逛上一圈後，就冷到當街顫抖起來。朋友趕快把我拖進鄰近的酒吧中，深怕我在路上耽擱久了，變成凍死骨。我坐進酒吧屋內，手腳仍然發著小抖，彷彿無法控制似的。酒保看了我一眼，就自作主張說：妳需要一杯「Hot Today」（今日熱酒）。

我從不知道什麼是Hot Today，等酒上桌後，才知道是熱雞尾酒。喝下一口就明白內含物，原來是蘇格蘭混合威士忌加蜂蜜再加滾熱的開水，而這杯熱酒才喝半杯，我果然就全身暖和起來，原本蒼白冰凍的臉上也飛上了紅霞。

後來朋友說，Hot Today是很家庭式的飲料，他小時候就常喝，尤其是睡覺前。因為早年一般家庭的暖氣都不足，而入夜後尤其冷，為了怕晚上睡覺不適，很多人上床前就會喝一點Hot Today，好讓身子，尤其雙腳先暖起來，這樣才好睡。現在，我每聽到有人冬天容易手腳冰冷，就會建議他們喝一點威士忌加蜂蜜加熱水，容易沖調，隨時讓人們溫暖起來。

有一回，聽愛爾蘭朋友講起，才知道在台灣年輕人中，有浪漫象徵的愛爾蘭咖啡（Irish coffee），原來起源非常粗獷，是專門給從捕魚船下來的水手取暖用的雞尾酒。

發明愛爾蘭咖啡的酒保，在都柏林附近一個漁港的酒吧工作，每當天氣嚴寒時，他看到冰凍著臉與雙手的水手，下船來到酒吧，仍然喝著冷冰冰的愛爾蘭紅啤酒奇肯尼（Kilkenny），就覺得很過意不去。於是他想到把愛爾蘭威士忌加上熱咖啡和糖，調成一杯可以取暖又可以提神

的酒精飲料。而之後加上鮮奶油的作法，就是都會的產物了。

聽到愛爾蘭咖啡的起源，不禁使我立即回想起自己第一次喝愛爾蘭咖啡的故事，竟然也是在港灣旁。當年我高一，有時逃學會去基隆跟基水（基隆海專）的男友碰面，最常去的就是一間叫「山水」的咖啡店，就位於基隆港邊上。坐在咖啡店內，可以看到港灣中巨大的遠洋輪船，也不時會聽到輪船的鳴笛聲。

有一回冬日，多雨的基隆下了好久的雨，天氣潮濕寒冷異常，穿衣不夠的我，坐在山水咖啡店中，全身冰冷，好心的咖啡店主人，就建議我喝一杯愛爾蘭咖啡。而且，他還在我的桌上為我調製，把咖啡、酒、糖都倒入氣味杯中，然後用一個拖架支撐著，下面有酒精燈燒著火，直到威士忌的香氣與咖啡都冒出煙後，再拿起杯來；咖啡主人還說，原來是應當加上冰的鮮奶油，但我既然這麼冷，就趁熱喝吧！

我雖然不是水手，咖啡店主人也不是愛爾蘭的酒保，但我們奇妙地演出了一場標準愛爾蘭咖啡起源的戲碼，而且，這杯熱雞尾酒，不僅帶給我身體的溫暖，也傳達了陌生人之間溫暖的情誼。真是帶有溫暖心意的熱雞尾酒啊！

愛爾蘭咖啡

by 調酒師侯力元

Irish coffee

調酒大多是冰的，像她這種名聲響亮，大牌到咖啡店也必須準備純正血統愛爾蘭威士忌的取暖用調酒，堪稱是前無來者了。

典雅華貴的金邊玻璃杯與鍍金酒精燈架，是愛爾蘭咖啡的專屬配備，擺在家中頗有聖誕節的氣氛，而且愛爾蘭咖啡的確非常適合聖誕節的時候一人一架一杯，圍著餐桌說些可愛的小小心事，以及應景的祝福。

愛爾蘭咖啡所使用的基底咖啡，以深培濃香口感的豆子為佳；曼特寧、爪哇都是不錯的選擇。磨好的豆子，則是以虹吸壺沖煮的雙沖式咖啡，最能凸顯出愛爾蘭咖啡的美感。因為虹吸壺煮出來的咖啡溫度本身就夠高。

直接在專屬的金邊玻璃杯中放入2oz的愛爾蘭威士忌和一點點砂糖，杯身傾斜放在專屬酒精燈架上；點燃杯架底部的酒精燈，讓杯中的威士忌均勻受熱，甚至可以引火在杯中燃燒；待揮發到酒香四溢的時候，快速地沖入熱咖啡滅火，就可以飲用了。

由於製作過程燒去了多餘的酒精，所以酒氣濃厚但是酒味淺薄，怕酒的人也應該喝得下口。而擠鮮奶油興許是後來才有的作法，點綴的意義大於實際的口感；就跟良露說的一樣，那冰嘴的東西，要怎麼取暖呢！

材料

雙沖濃咖啡	180cc
愛爾蘭威士忌	2oz
砂糖	少許

作法

用虹吸壺或手沖的方式，沖煮中深烘的咖啡。

取一愛爾蘭咖啡專用杯。

將愛爾蘭威士忌加入些許糖攪拌。

將專用杯放在專用架上，點燃酒精燈，並引火至專用杯中。

待酒精燒融揮發後，倒入咖啡滅火。亦可擠上打發鮮奶油。

（豪爽水手的喝法：在熱咖啡中倒入愛爾蘭威士忌和糖，攪拌後即可飲用，在冬天品嘗，特別暖心）

蘭姆酒
黑靈魂

蘭姆酒是調製熱帶雞尾酒的最基本底酒，而熱帶地區也常常和殖民地有關，不管是西印度、夏威夷、南洋等，所以蘭姆酒的悲歌，也是熱帶雞尾酒的悲歌。但喝熱帶雞尾酒的人卻很少想起悲涼的往事，相反地，熱帶雞尾酒總給人一種陽光明媚、熱情、歡樂、興奮、刺激的感覺。

蘭姆酒（Rum）是最甜的酒，因為它是由甘蔗蒸餾所製成。但蘭姆酒的精神卻和苦澀脫不了關係，因為蘭姆酒的發展史和西印度的奴隸史密切相關。

　　在英國的殖民時代，有一條三角貿易的路線：在加勒比海、西印度群島一帶的甘蔗田需要便宜的勞動力，英國便以船隻將在非洲各地募集或買來的黑奴運送到此地，販賣這些黑奴充當甘蔗田的苦力；之後再將各島生產的甘蔗糖蜜，運送到新英格蘭殖民地的蘭姆酒廠；然後再將酒廠做好的酒運回非洲販賣，當成黑奴的賣身錢。

　　黑奴的命運，就像甘蔗一樣地被酒廠壓榨，甘蔗還造成了酒，黑奴的下場卻常被奴隸主子當成殘渣對待。牙買加的雷鬼（Reggae）歌手巴布・馬利（Bob Marley）就留有一首蘭姆酒的悲歌；就像美國南方黑奴的靈魂樂（Soul）一樣，雷鬼音樂唱的也常是這些黑靈魂的無奈及悲情。

　　蘭姆酒是調製熱帶雞尾酒的最基本底酒，而熱帶地區也常常和殖民地有關，不管是西印度、夏威夷、南洋等，所以蘭姆酒的悲歌，也是熱帶雞尾酒的悲歌。但喝熱帶雞尾酒的人卻很少想起悲涼的往事，相反地，熱帶雞尾酒總給人一種陽光明媚、熱情、歡樂、興奮、刺激的感覺。像有名的蘭姆酒百家得（Barcardi）的廣告，總是一些白人俊男美女在棕櫚樹下跳舞，身旁則有黑人端著雞尾酒服侍。

　　我曾經搭遊輪玩加勒比海，在巴哈馬（Bahamas）下船時，看到港邊的倉庫區，還留有許多填裝蘭姆酒的舊木箱。斑駁的木板上寫著昔日蘭姆酒的商標，而另一旁，一大群黑人架著人力三輪車，等待著下船的觀光客環市遊覽。

　　我到了市中心的酒吧，叫了一杯新鮮萊姆（Lime）的霜凍黛綺莉（Frozen Daiquiri），好喝極了，大概是我這一輩子喝過最好喝的本款調酒。酒吧旁有一家蘭姆酒專賣店，我推門進去，才知道蘭姆酒的世界絕不止於百家得。百家得是淡味蘭姆酒，也是最風行的蘭姆酒，通常是當

成調製雞尾酒的基酒，像有名的自由古巴（Cuba Libre），便是用蘭姆酒加可口可樂製成。

蘭姆酒一般被當成廉價酒，但那家店裡也有高級蘭姆酒是我沒見過的：如蓋亞那（Guyana）的「El Dorado」十五年份蘭姆酒，以及海地（Haiti）的「Barbancourt」十五年份蘭姆酒。老年份的蘭姆酒是重味蘭姆酒（Dark Rum），顏色較深，這種高級蘭姆酒要單獨飲用，而且適合在飯後配甜點吃，或者當消化酒喝。

我買了兩瓶高級蘭姆酒上船，晚上坐在海風吹拂的甲板座椅上慢慢品嘗。蘭姆酒有種特殊的香味，讓人想到被夏天烈陽烤焦的甘蔗田的味道，我卻還想起高三時在南部糖廠的甘蔗田和男友廝混一天時所聞到的味道。

遊輪上有兩個酒吧，酒保調製雞尾酒的技術一流。因為在船上無所事事，除了一天六頓餐（船上提供免費的六餐：早餐、早茶、中餐、下午茶、晚餐、宵夜），以及看秀、讀書、散步、游泳、曬日光浴、閒坐外……沒別的事好幹，因此酒吧生意很好。越晚越好，尤其半夜兩三點，酒吧都擠滿人，很多人都喝得醉醺醺，除了回房要小心別掉到海裡外，比陸上的酒吧回家要安全多了。

我因為身處在加勒比海上，就決心喝遍各種以蘭姆酒調製的雞尾酒，所以常常往酒吧跑，就和調酒的酒保熟稔起來。酒保是波蘭人，當過遠航魚船的水手，受夠海洋的苦，轉到遊輪上是為了存點錢，好回波蘭落地生根。

康拉德（Joseph Conrad）是波蘭裔英國作家，也跑過船，酒保也知道康拉德，還說他也喜歡寫作，我立即勸他寫遊輪的故事。我覺得遊輪上的生活很獨特，一群人在海上共處一兩周，什麼事都可能發生，而且誰都逃不了，很適合愛情、謀殺事件的發生。

有一天，我基於好奇，詢問酒保他們在船上工作的收入，才知道遊輪生意是另一種現代資本主義的壓榨市場。原來，大部分在遊輪上工作

的人，都來自第三世界國家，像俄羅斯、波蘭、捷克、中國大陸、泰國、菲律賓等國籍人士；由於他們在本國能賺取的薪資太少，上遊輪打工的確可以多賺點錢，但他們在船上賺的是小費，而不是薪水。雇主看準這一點，給的薪水低得可憐，一個人一個月可能只能拿一百美金，其餘的收入完全要靠客人的賞賜。

酒保說，雇主認為這個制度是各取所需；雇主減少投資，勞工又必須拚命討好客人賺小費，客人滿意了，自然會付小費。我問酒保，是不是也有客人不太付小費的呢？他說，當然有，但也只有自認倒楣，還是要陪笑臉。他還告訴我，通常船上工作人員的笑臉是有曲線的，從客人上船開始，笑臉從淡淡的一路往上爬，在歡送晚宴上達到高潮，因為當天晚上是客人給小費的時間。但小費收完的第二天，在客人下船前，很多工作人員的笑臉會像破掉的氣球一樣，還掛在臉上，但笑得很勉強。

酒保說得沒錯，雖然我因此留給房間服務、餐桌服務的侍者很豐厚的小費，但我離開時，的確看到他們疲倦而破碎的笑臉。後來，我每次喝蘭姆酒時，都會想起這段故事。

黑色黛綺莉

by 調酒師侯力元

Black Daiquiri

海明威嗜飲兩種酒，一是莫西多（Mojito），一則黛綺莉（Daiquiri）；加勒比海熱帶港灣風格，或許還不足以說明古巴調酒特質，那麼，戰爭與殖民所帶來的苦悶，對比著拉丁美洲人的熱情奔放，或許就是古巴調酒最好的註腳了。靠著一杯酒就想神遊全世界，任流光夾雜著森巴探戈佛朗明哥，來一杯莫西多或黛綺莉，悠悠地一整天散漫過去。

蘭姆酒的原料是甘蔗，加勒比海與拉丁美洲的幾項重要作物，改變了人類的歷史文明，除了菸草咖啡棉花，最影響常民日用的，就是甘蔗與其製品砂糖、和曾經被作為海員水手與黑奴勞工薪資的蘭姆酒了。

除了一般透明蘭姆酒的黛綺莉之外，使用陳年的深色蘭姆酒（Dark Rum），就能做出黑色黛綺莉。黛綺莉一開始被當成蘭姆酸酒，因為她的材料也是簡單到爆，蘭姆酒搭上檸檬的酸，配上砂糖或果糖的甜就能搞定；後來因為多了更多調酒技法，譬如攪打成冰砂、摻入果泥、換用陳年酒款等等，才衍生出霜凍版、水果版、黑色版等等不同的黛綺莉。

喝法雖多，但品飲黛綺莉的祕訣，就是不要想太多！見山是山。

材料

黑蘭姆酒（陳年）	45ml
白柑橘酒	30ml
檸檬汁	30ml
糖水	少量

作法

所有材料加入雪克杯搖盪後，過濾倒入馬丁尼杯中。

一般市面的黛綺莉大多為白色，但有不少調酒師認為要調出屬於黛綺莉礦山的茶紅色，想要黛綺莉的海灘還是礦山交給酒客們選擇吧。

冰封
伏特加

冰凍伏特加透明如膠，看起來實在不像是會讓人聯想到愛情的酒。
但要小心這種酒，喝時冷冷的不當回事，就像某些情人偶然邂逅，
原本只是交換短暫的體溫，卻不料日後變成天雷地火的傷痛。

放在冷凍櫃中的伏特加（Frozen Vodka）永不結冰，從五十度至九十六度極限的酒精濃度對抗著冰封，化身成更濃稠的瓊漿玉液，滑下口軟溜得如同一尾冰涼的蛇，但入喉後卻變身為燃燒的火蛇，蠱惑著體內的脈輪著火。怪不得有個聞名的伏特加廣告中，貴婦人才喝下一口伏特加，張口卻吐出一串火焰。

　　我在冰島的首都雷克雅維克（Reykjavik），學會品飲冰封但不結凍的伏特加。那天我參觀完冰島的地理奇觀，冰火同源見證著宇宙創生的奧祕，劇烈的地殼運動在冰島仍然無休無止，這塊擁有地球上最多火山的大地，卻如此靠近北極圈。冰島人也像冰火同源，平常冷冷的，但幾杯酒下肚，尤其是伏特加，就可能變成世上最熱情的人。

　　我住的旅館一樓，有間小小的酒吧，貌不驚人，布置得十分簡單。我到冰島後，不時驚訝這裡的室內布置大多都像「IKEA」的陳列屋，簡單好用，很實際，但一點也不「Fancy」（花俏）。酒吧的老闆，是位金髮美女，人冷冷的。我去過幾次，都點喝昂貴無比的啤酒。冰島的酒附有高酒稅，想以高價遏阻寒帶人們易有的酗酒問題，但好像沒什麼用，酗酒的人還是一大堆。

　　那天參加過冰島火山一日遊後，回旅館到酒吧小坐，耳邊聽著凱斯‧傑瑞特（Keith Jarrett，爵士樂手）清冷的鋼琴聲。我在北歐一帶旅行時，發現不少維京人後代對凱斯‧傑瑞特很喜愛，到處都聽得到他的音樂。我一面聆聽琴鍵樂聲，一面在筆記本上寫東西。由於還是下午時分，酒吧內沒什麼人，只有我和金髮美女。她好像有些無聊，我看到她從冰箱上層的冷凍箱，拿出一瓶「Stolichnaya」牌的伏特加，倒入了另一個霜過的方口平底杯中，加上一片檸檬，然後一手按住杯口，一手按住杯底，上下劇烈搖晃一下，接著一口灌下整杯。

　　這些儀式迷惑了我。在此之前，我雖然聽過伏特加有此種喝法，但一直沒嘗試過，如今親眼瞧見這位金髮美女親身示範，真是風情十足。

　　我走上吧台，也叫了一杯冰凍伏特加，金髮美女首次對我展顏一

笑。她遞給我一只冰得冒煙的杯子，倒下半杯濃稠如透明果凍的伏特加，放入檸檬片；檸檬片的橫切面停在伏特加中，有如扇貝化石一般。

我學著金髮美女，也上下搖酒，但動作不夠快，一不小心搖出一點酒來。然後我也一口灌下杯中所有的伏特加；一口喝下去真是一點也不困難，一秒鐘之內，只覺得冰涼凍齒，但三秒後才知道喉輪起火了。

金髮美女賞識我的豪勇，又為她自己及我各倒一杯。當天下午到傍晚，在凱斯‧傑瑞特的大珠小珠落玉盤的鋼琴敲鍵聲中，我們兩人（主要是她）喝下了半瓶冰凍的伏特加。酒喝得越多，金髮美女的話也越多。她告訴我，她曾經愛上一位來冰島做生意的日本男人，曾允諾過要帶她回去神祕的東方大地，那塊有火山、地震、溫泉的家鄉。但那個男人離開冰島後卻只寄來一封信，解釋他為什麼不能實現諾言。

原來金髮美女一直把我當成日本人，怪不得前幾天對我沒好氣。我突然心中浮起一則故事，如果我真的是日本女人，也許我就是那個負心日本男人的妻子，在丈夫意外死後，才發現他曾經在遙遠的異國背叛過她——於是，喪夫的她突然興起想和那位異國女子一起分享對男人的回憶，也許可以彌補（因為共同的愛），或減少（因為共同的嫉妒）她的喪夫之痛。

我並沒有告訴金髮美女我的幻想，不想再勾起她的記憶，更何況喝了太多酒的我們，舌頭都凍得打結了，只能傻笑，哪能再用英語解釋這個想像的複雜故事。

晚班的金髮男人上工了，冰凍伏特加的下午狂歡會也宣告結束。我正準備付錢，金髮美女告訴我不必了，算她請客，她說就當成是我們之間的一段記憶吧！一個東方來的女子，讓她又把冰封的傷情回憶解凍了。

我回到旅館房間，躺在床上全身火熱，卻一點也沒有昏醉的感覺。也許伏特加後勁強，真正的狂醉要過一會兒才降臨。在奇異的清明之中，我遙想那個陌生的日本男人，如今是不是正在東京的一家酒吧中，

也正喝著冰凍的伏特加，他會不會也想起他在冰島愛過的女人？

冰凍伏特加透明如膠，看起來實在不像是會讓人聯想到愛情的酒。但要小心這種酒，喝時冷冷的不當回事，就像某些情人偶然邂逅，原本只是交換短暫的體溫，卻不料日後變成天雷地火的傷痛。

當天傍晚，我一覺睡到第二天凌晨，夢中置身於一片冰涼的海水之中，而且到處都是菊花般的小火焰，美麗極了。這個夢不需交給佛洛伊德去解析，我自己就能解釋，冰島加上冷凍的伏特加，再加上象徵日本的菊花，小火焰就是那個金髮女子吧！

我向金髮女子告別時，她又變成冰封美人，伏特加又放進冷凍箱，但我會記得她眼中曾經燃燒的火焰。

雪國
Yukiguni

by 調酒師侯力元

伏特加無疑是雪國的，雪國也是伏特加的。

井山計一發明雪國的時候，先想到伏特加的故鄉俄羅斯或波蘭，還有他自己的故鄉山形縣，對於白雪有著複雜的情感，把砂糖塗抹在杯口製成糖口杯，模擬從小看到大的雪景。

伏特加和白色柑橘酒，再搖上一點萊姆或檸檬汁，就是基本的酒體。以現代的調酒比賽標準來看，這樣的酒是有點過於單調了；但是在那個年代得獎的酒就是如此純粹、不造作，所以經典。

純白的雪國也是有小巧思的，譬如杯底的那顆綠櫻桃。

看過日本影像作品，包括看過任何日劇、動漫的人，應該都見過雪積在松尖上的畫面吧？或是蒼碧的山影，頂上覆著一層白雪如富士山那樣。

現年九十依然在役的調酒師井山計一描述，雪國中的綠櫻桃，就是要描繪出被雪壓住的新綠，也是這個新綠，象徵著日本調酒世界的輝煌年代即將到來。

隨著川端康成獲得諾貝爾獎，所以有用雪國這款酒向川端康成致敬之說，令西方歐美各國折服，成為經典酒譜中少數由東方人發明的調酒之一。與小說《雪國》的對參，當可視為鑑賞調酒雪國的另一種途徑。

材料

砂糖（糖口杯）	些許
伏特加	45ml
白柑橘酒	30 ml
檸檬汁	30 ml
糖水	少量
綠櫻桃	1顆

作法

先做出糖口杯，使用柳橙片抹馬丁尼杯的杯口，沾黏適量白砂糖

伏特加、白柑橘酒、檸檬汁、糖水加入雪克杯搖盪後，過濾倒入糖口杯，放入一顆綠櫻桃。

分手
琴湯尼

小象拿來了琴湯尼。我一喝，立即喜歡上口中濃烈的杜松子清新的草味（迄今我仍偏愛琴酒的味道），加上奎寧水微微的苦味，組合成一種微妙的香味，在嘴中迴散開來。

琴湯尼（Gin Tonic）是我最早喝的雞尾酒，但並不是在酒吧或宴會中，而是在一張水床上。

高二的夏天，我交了一個男朋友，大家都叫他小象。當時我正準備從中山女中轉學到辭修高中，原因是高一時曠課太多，被校方警告從此不准曠課，否則高二、高三隨時有被退學的危險。我自知無法天天乖乖上學，因此就自告奮勇地先轉學了事。

那一個夏天，我當然有些哀愁，覺得自己的人生像一本寫壞了的《麥田捕手》，在學校不適應，對愛情又三心二意。

小象對我非常好，在早年我所交往的男友中，他可能是對我最好的，但生性愛好自由的我，他的好似乎對我而言「太黏了」。譬如我家住新北投，他為了珍惜和我在一起的時光，一定要陪我坐巴士回新北投，再陪我走一小段山坡路到我家的巷口（不敢送到門口，怕被發現），之後他才回台北的家。

此外，如果我們約的是上午，意味著我會直接從新北投去會他，而不是在台北辦完別的事再碰面，他也會堅持要在新北投的巴士站等我，因為這樣——他可以早一點看到我。有一次，我下午在台北和他碰面，玩了一天，晚上他送我回家，第二天早上我們又約了見面，他竟然決定夜宿在北投新公園——好讓我第二天起個大早去公園找他。

這樣的愛情，對年少的我，卻太沉重了。

上辭修高中時必須住宿，我生日那天，小象請他開蛋糕店的叔叔做了一個當時的我從未看過的大蛋糕（好像是二十六吋），而他竟然把這個蛋糕送到了位於三峽的辭修高中。他假冒是我哥哥，提著蛋糕送到我班上時，引起了全班女孩大轟動。

小象長得很英俊，是多數女孩會喜歡的美少年型，我喜歡看他的臉，但並未因此覺得他迷人。當班上的女同學在他離去後，紛紛表示小象很迷人時，我竟然有一些愕然。

我喜歡和小象在一塊，他是很好的玩伴，總是聽我的主意。我上辭

修不久後，又摸清了逃學的門道，常常在星期天晚上，家人送我到總統府前等學校巴士時，等家人一離開，我便會將準備好的假條（附上醫生證明），交給班上一向品性良好的模範生，由她護航交給老師，通常很容易過關。這位模範生女同學，自然不願意看我這樣不守規矩，卻總無法拒絕我的請求。

有時，我就會約了小象在東方書店前等我，之後我們就一塊去他姊姊家過夜。

我和小象經常一起過夜，但我們從未發生關係。說來很奇怪，因為我和小象也會擁擁抱抱的，但每次小象想進一步，我都會說「免了」。（並不是說「不要」──很奇怪──「免了」是什麼意思呢？）而小象也都很有風度地停止了。當時的我，並不了解這對一個青春期的男孩而言，是多麼困難或痛苦的事。

我們之所以可以在小象姊姊家過夜，是因為他姊姊在PX（美軍顧問團）做事，認識了個美國人。為了結婚，他姊姊跑去美國待了一年，在那一年中，他姊姊位於通化街的房子，就成為我和小象經常玩耍的地方。當時台灣的進口貨很少，只有西門町、晴光市場一帶才有各種舶來品商店，專賣一些如今看來「Cheap」得不得了的美國貨，像Lux香皂、M&M巧克力、火腿罐頭、雀巢咖啡罐等等東西，竟然都可以在櫥窗內展示。

但小象的姊姊家，卻是舶來品的天堂，有稀奇的水床（我和小象會在上面跳啊跳的，像兩個幼稚園的小孩，還好從未把水床跳破），有轉啊轉的聚光燈，可以把整間臥室變成像夜總會般灑滿細碎的鑽石光點，當然還有各種洋食，從餅乾、糖果、罐頭、飲料到各種洋酒。

我和小象常常坐在水床上吃東西，把零食當正餐吃，吃一嘴的洋芋片、巧克力餅乾、罐頭火腿、香腸，再喝可口可樂。唱片機裡永遠放著披頭四的音樂。我們吃撐了，還會站起來隨著披頭四的音樂跳一跳，好幫助消化；年輕的我們從來沒想過可能會得腸胃炎。

我和小象混了一年，在一起雖然還算愉快，但卻又不是真正快樂，最主要的原因是，當時的我還和前任男友糾纏不清。我是先認識阿丹，才認識小象的。阿丹和我什麼都不合，除了談得來，小象和我很合，卻不太談得來。可是對當時的我而言，談話比什麼都重要。我和阿丹從來沒有過很正式的男女朋友關係，我的身邊永遠有別人，他的身邊也不時有別人，但我們都一直很介意對方；隔一段時間，總不免要見見面、鬥鬥嘴。

　　小象當然很在乎阿丹，但他的風度奇好。有一次我約了他們兩個一起見面，事後小象竟然告訴我，阿丹很聰明，怪不得我欣賞他，但他覺得我「更聰明」——言下之意，好像我既然更聰明了，幹嘛一定要和阿丹在一起。

　　當時的我，並不了解這句話的真義——聰明女子未必要和聰明男子在一塊——靠自己就好了嘛！當時的我還年輕，總覺得生活中應該充滿知性的刺激。我不知道自己是什麼時候下了要和小象分手的主意。也許我也從未覺得真正和他在一起。總之，我越來越不快樂，覺得小象對我的好，像個金絲籠一樣，栓住我天性中愛自由飛翔的心。

　　為什麼是那一天提出要分手呢？我也不知道。事情就是發生了，我坐在水床上，憂傷地聽著披頭四唱〈Yesterday〉（昨日）……小象正照著書調製琴湯尼，因為我說想喝雞尾酒，而他知道我喜歡奎寧水的味道，而琴湯尼有奎寧水，又好調。

　　小象拿來了琴湯尼。我一喝，立即喜歡上口中濃烈的杜松子清新的草味（迄今我仍偏愛琴酒的味道），加上奎寧水微微的苦味，組合成一種微妙的香味，在嘴中迴散開來。我喝完了酒，和小象坐在水床上，靜靜聽著披頭四的另一首音樂〈I want to hold your hand〉（我要握住你的手）。之後，我向小象提出了想分手的意思。

　　小象哭了，這已經不是我第一次提出要分手，他也不是第一次哭。他一直不懂我說的分手的意思——什麼可以繼續做朋友，但不是男女朋

友了。其實我也不懂自己真正的意思，多年後才明白，我其實說的是不希望小象繼續把我當女朋友，不希望他老是想看到我、老是等我、老是想對我好。

那晚我們並未真正分手成功。又拖了好幾個月之後，直到我做了某件事，真正傷透了他的心，我們才算真正結束。

我很少回憶青少年時的這段往事，直到多年後，在西雅圖的酒吧，叫了一杯琴湯尼，那入口的杜松子味，使我強烈地回想起那時的一切——和小象有關的一切。

我突然覺得非常哀愁，我太早遇到小象了，當時我太年輕，不懂得珍惜他想給予的感情。如今已屆中年，才真正了解琴酒的哀愁是什麼。

琴湯尼
Gin Tonic

by 調酒師侯力元

也許是退燒了。愛情退燒後，忽然清醒，還不清楚自己要的是什麼，但已經確信不要什麼了，於是分手；現在買的奎寧水沒有藥效，但琴酒，或者說琴湯尼，本來就是「飲退火」的。

火一消，念頭滅卻。

英國大兵遠征南方時，為了吞服苦澀的奎寧片，乾脆把它攪和到琴酒裡，以抵禦南島的瘧疾；這不起眼的，只用通寧汽水和琴酒，一點點檸檬片，胡七八糟在冰塊裡攪一攪就搞定的居家調酒，卻是大英帝國時至今日依然坐擁海權殖民背景的幕後功臣之一。

琴湯尼的調製非常簡單，而且對攪拌的技法也不怎麼要求，與其說是一杯調酒，毋寧說更像是用來開啟一整個夜晚的鑰匙，從琴湯尼起手，慢慢地隨著音樂搖擺，一點點、一點點High，應該是飲用琴湯尼最妙的時間點。

當然，也有人用琴湯尼來醒酒。喝得差不多的時候，雙頰暈酡，渾身發燙，意亂顛倒之際，正好用琴湯尼讓自己醒一醒；雖然還是得搭計程車回家，但至少在琴湯尼對中樞神經的極速冷卻效果之下，步伐可以走得老直，講話也不大舌頭了。以琴湯尼為開結的客人，差不多跟以啤酒作始末的人一樣多。

材料

琴酒	30ml
檸檬汁	少許
柑橘苦精	1dash
通寧水	杯子的8分滿

作法

以可林直杯裝入琴酒、檸檬汁和柑橘苦精，加半杯冰塊後，倒入八分滿的通寧水，輕輕攪拌即可。

一起微醺

悲傷
瑪格麗特

分手的酒保發明了一款叫瑪格麗特的調酒，酸酸甜甜的檸檬加上墨西哥的龍舌蘭酒，是他對瑪格麗特的懷念，而在杯口邊緣抹上的鹽粒，則是他永遠的悲傷；他的悲傷是一個永遠不能結疤的傷口，因為他一直在傷口上抹鹽，就像酒保在杯口上抹鹽一樣。

在洛杉磯巴薩迪納（Pasadena）的加利福尼亞大道上，有不少小酒吧，尤其在有名的「Vroman's書店」旁，有幾家開了四十多年的老酒吧，都很小，不過十幾坪左右，室內總有一架已經很老舊的彩色電視機，永遠放著各種球賽的節目。酒吧中坐著的多是退休的老人，一杯啤酒就可以打發一個上午或下午。

有一家酒吧的酒保，很愛聊天，又會做很好吃的老式漢堡，煎得有點過焦的肉餅，夾上厚實的麵包，裹上酸黃瓜、芥末，絕對比麥當勞好吃。因為是夏天，用檸檬瑪格麗特（Margarita）搭配漢堡最開胃，尤其舔著杯口的薄鹽，正好補充一直流汗的身體。

有一次，酒保問我知不知道為什麼瑪格麗特的杯口要抹鹽。我所知道的答案是，原本抹的是可以催情的蟲蟲鹽巴（Sal de Gusano），但酒保卻說起別的故事。他說，許多年前，有一個墨西哥年輕人，在洛杉磯酒吧工作，多年後，存了錢，準備迎娶他在家鄉名叫瑪格麗特的女友。可是在他們上教堂結婚的前一晚，瑪格麗特出車禍死了，只剩下悲傷的酒保一個人飛回洛杉磯。

繼續在酒吧工作的酒保，發明了一款叫瑪格麗特的調酒，酸酸甜甜的檸檬加上墨西哥的龍舌蘭酒，是他對瑪格麗特的懷念，而在杯口邊緣抹上的鹽粒，則是他永遠的悲傷；他的悲傷是一個永遠不能結疤的傷口，因為他一直在傷口上抹鹽，就像酒保在杯口上抹鹽一樣。

乍聽到這個故事時，我當場不由自主地流下眼淚。如此通俗平凡的失去戀人的故事，就像小時候常聽的那首西洋老歌〈Tell Laura I love her〉（告訴羅娜，我愛她）。也是一個行將死去的男孩，請別人轉告他的至愛，告訴她，他在活著的最後一刻，只想說一句話，「告訴羅娜，我愛她」。

我那麼悲傷是有道理的。我在國三到高一時，曾經和一個基水（基隆海專）的男孩交往，當時我並不知道這個男友的好哥們，也偷偷暗戀著我。我們三個是同時在一個家庭舞會裡認識的。當晚，我先後和這兩

個男孩跳了最多的舞，但舞會後，主動的男孩送我回家，我們也就開始交往，而我一直不知道我和另一個晚了一步的害羞男孩從此就無緣相愛。

誰都不知道這一切，我和第一個基水的男孩出遊，有時另一個也會跟，三個人都是好朋友，只是其中有一對是戀人。這樣的關係維持了一年多，一直到一個周末，我和男友在台北火車站前的綠灣咖啡室見面，男友坐下來時臉色很不對，兩隻眼睛看起來哭過一陣子。後來他說小九出事了，他們前一天要去基隆飆車前，小九的摩托車撞上了卡車。

我當場哭了出來，等我哭停了，男友才面色凝重地看著我，說小九臨終前，對他說了一件事，說他一直暗戀著我，請男友轉告我；小九說，告訴娃娃，我愛她。娃娃是我那時的小名，從那一天起，我就不再讓任何朋友這樣叫我了。

自從在洛杉磯聽了酒保說的瑪格麗特的故事，我再也不曾在任何酒吧叫過瑪格麗特，因為我的心底深處也有一個沒有完全結疤的傷口。我可不想在那上面抹鹽。

瑪格麗特

by 調酒師侯力元

Margarita

抹在杯口薄薄一圈的鹽，其實是順應著龍舌蘭酒的特性而設計的，當然，為抵禦墨西哥炎熱的氣候，在飲食中多增添一些鹹味，補充流失的電解質，也是很常見的習慣；酸鹹適中的瑪格麗特成為墨西哥國民調酒，實非偶然。

調製瑪格麗特之前，要先在杯口抹上一層新鮮檸檬汁，然後倒拿酒杯，以杯口沾取細鹽，製作鹽口杯。通常，比起海鹽更喜歡使用岩鹽，主要也是因為墨西哥產的岩鹽為數頗豐，質地也好，頗能跟龍舌蘭酒搭配。

瑪格麗特有專屬酒杯，就叫瑪格麗特杯，上寬下窄倒三角型，有點像馬丁尼杯，但是整體呈現半圓形，像一枚飛碟，故又稱飛碟杯。之所以是這種形狀，主要是因為瑪格麗特可以打成冰砂，作成霜凍瑪格麗特，喝的時候用小湯匙挖杯底帶酒的冰砂，邊醉邊涼快！

也就是說，這款酒本身就是為了消暑透清涼而被發明的也不為過。

材料

鹽（鹽口杯）	些許
龍舌蘭	45ml
白柑橘酒	30ml
檸檬汁	30ml
糖水	少量

作法

先將飛碟杯抹上新鮮的檸檬汁後，沾取細鹽製作鹽口杯。

所有材料加入雪克杯搖盪後，過濾倒入飛碟杯中。

關於鹽口要做整圈還是半圈呢？有人認為鹽口撫平龍舌蘭的嗆辣口感，也有人認為可增添瑪格莉特整杯酒的層次。半圈鹽口可直接賞味龍舌蘭又可品嘗酸鹹的層次感。

血腥瑪麗
歡歌

我嗜喝血腥瑪麗到了不正常的地步，會隨身攜帶一小瓶Tabasco，連吃美式早餐時，跟侍者點了番茄汁和一杯冰塊。然後好戲就上場了：半杯番茄汁加半杯冰塊，撒點黑胡椒，再從袋中拿出Tabasco淋上去，就完成了一杯清晨最開胃的「處女血腥瑪麗」。

巴黎有一家酒吧名叫「哈利的紐約酒吧」（Harry's New York Bar），據說是血腥瑪麗（Bloody Mary）的發明地。

　　血腥瑪麗是我最喜歡的雞尾酒，我的配方很簡單：罐頭番茄汁、伏特加、冰塊、幾滴檸檬汁、黑辣汁（Worcester Sauce）、隨你愛加多少的美國路易斯安納辣汁（Tabasco辣醬或其他牌子都可），再飄點黑胡椒粒。看過我喝的人，都會被我大灑特灑Tabasco的畫面嚇到；鮮紅的Tabasco倒入腥紅的番茄伏特加汁中，彷彿火上加油，一杯下口，包管眉毛都會燒起來。

　　我嗜喝血腥瑪麗到了不正常的地步，會隨身攜帶一小瓶Tabasco，每次晨間去餐館吃美式早餐時，不管是在美國的連鎖早餐店或台北的美式早餐店（如雙聖），當侍者問要橘子汁或番茄汁時，我一定不忘加句話，要他們來一杯冰塊。然後好戲就上場了：半杯番茄汁加半杯冰塊，灑點黑胡椒，再從袋中拿出Tabasco淋上去，就完成了一杯清晨最開胃的「處女血腥瑪麗」（Virgin Bloody Mary）。畢竟我的禁酒令在中飯之前還是有效的，除非是在旅行中。

　　我愛用血腥瑪麗搭配不少食物，譬如楓糖燒肋排，一大塊燒得焦焦的豬肋排，不管是在芝加哥、紐約或台北，佐以辛辣冰凍的血腥瑪麗，更讓人食慾大開，不知不覺就變成野蠻人，大口吃肉，大口喝血——血腥瑪麗；讓體內殘餘的野蠻基因在都市叢林中用飲食化解，離開餐廳後再當個文明人。

　　在所有搭配血腥瑪麗的食物中，最難忘的是在紐奧良吃生蠔的那一晚。當晚和朋友在波本街（Bourbon Street）的爵士酒館，聽完夜場的演唱後，已經一點多，帶著幾杯啤酒下肚的微醺，走在古老的煤氣街燈下，兩個人卻突然覺得有點餓。我想起波本街上有家賣生蠔的酒館剛好是二十四小時營業，於是徒步過去。

　　半夜一點多，原來像我們這樣的餓鬼還不少，酒館內竟然有不少人在吃生蠔，而且很多人都搭配著血腥瑪麗。我一看大喜，兩個人先叫一

打生蠔，外加兩大杯血腥瑪麗；這裡的血腥瑪麗可不是寒寒酸酸地放在小水杯內，而是大口徑的長直杯（就像可以大口喝可樂的那種）。

我們雙手並用，在生蠔上擠檸檬汁，再加上紅蔥頭、紅酒醋，然後一口吞入生鮮軟滑、微帶金屬味的生蠔，甜美、酸澀的佐料配上遙遠的海潮味，生蠔彷彿在嘴中復活。我閉上眼睛，吞下了最後交歡的汁液。

當嘴裡還殘餘些許奇怪的金屬味時（也許來自蠔殼的碎粒），趕快大口喝下辛辣冰涼帶野味的血腥瑪麗。血紅的血腥瑪麗，彷彿鮮血般蠱惑著吃了生蠔後有點迷醉得頭昏眼花的人們，霎時突然明白吸血鬼的歡愉。

生蠔配血腥瑪麗是南方的淫蕩，兩者都催情的食物，在紐奧良深夜的生蠔酒館中，人們一打一打地在桌上堆滿蠔殼，一杯接一杯地喝著血腥瑪麗，連嘴唇都染上了鮮紅的色漬。酒館中有個小舞池，人們像蛇般交纏著身體，在舞池中扭動擁吻；這時的親吻有如和貝殼親嘴，那般微腥味讓人聯想到床上的味道。

血腥瑪麗並不適合任何清淡的食物，只有生蠔例外；也有人只用香檳、白酒配生蠔，尤其是優雅的北方人，像雷馬克（Erich Maria Remarque，猶太裔德國小說家）小說中得肺病瀕死的女主角的生之歡愉——就是吃生蠔配香檳，那是白色的死亡和陶醉。血腥瑪麗和生蠔則是紅色的死亡和狂野。

吃了一夜生蠔，喝了一夜血腥瑪麗，也聽了一夜紐奧良爵士樂的我們，整個身子都有如著火了般，根本不可能入睡，於是決定到墳場逛逛。那時《夜訪吸血鬼》（Interview with the Vampire）這部電影還沒拍，我也還沒看過安·萊絲（Anne Rice）的小說，否則不一定會有膽夜闖墳場。

到了墳場，才發現門上鎖了，不知是鎖活人、鎖死人，還是鎖吸血鬼？我們在墳場外繞了一圈，當晚是滿月，月光清冷明亮，突然想起狼人會在滿月活動，一時之間就酒醒了一半，於是又搭車回市區。在車

上，有禮的黑人司機一直透過後視鏡打量著我們，令人有些發毛。直到在旅館前下車，藉由旅館較明亮的大燈，朋友才看到喝多了血腥瑪麗的我，從嘴角到下巴再到脖子上，流著一絲番茄汁的紅色遺跡，身上的襯衫也染著在酒館裡不小心打翻的血腥瑪麗汁液。原來發毛的是司機，深更半夜從墳場前載上兩名奇怪的東方人，身上還留有血的印記。

血腥瑪麗
Bloody Mary

by 調酒師侯力元

除了灑上辣醬，還可以搭配削去韌皮的西洋芹，像米漿配油條那樣，蘸著酒吃。酸中帶鹹，微微辣，這杯酒儼然是有那麼一點點義大利或拉丁菜系的風格。就像探戈、佛朗明哥，那種瞬間靜止卻又惹人慾望，特別地嫵媚勾人。

血腥瑪麗的都市傳說堪稱酒界第一，如果真的喝成了青春永駐的吸血鬼還算浪漫的呢！有一種說法是，這杯酒是為了住在鏡子裡的那位瑪麗調的，她通常都沒什麼好「臉色」，深夜在鏡子前喚她三聲便會現形；聽說見過她滿臉血糊的人，都將噩運纏身直到死亡。

或也極可能是以那個在城堡地窖活宰處女，用處女鮮血淋浴，以求得青春美貌的伯爵夫人瑪麗為發想；乃至於是英王亨利八世的女兒瑪麗，燒殺鎮壓了數百位新教徒，單單血腥二字，更是當之無愧，用獨秀一枝的酒款紀念她這樣備受爭議的歷史人物，亦十分相襯。

眾說雖然紛紜，但不管如何，這款酒肯定是浪蕩與墮落的象徵。牽扯上來的，總是些背德故事，無怪乎一愛上她，就無法戒斷了。

材料

伏特加	30ml
番茄汁	60ml
檸檬汁	10ml
Tabasco辣醬	1dash
鹽	少許
胡椒	少許
西洋芹	一支

作法

在高飛球杯做出半圈鹽口後，加入伏特加、檸檬汁、Tabasco、鹽及胡椒，最後倒入番茄汁，充分攪拌即可。可以附上一支削過皮的西洋芹，邊沾邊喝。

鹽巴請選用玫瑰鹽或海鹽，食用精鹽鹹度太高

雞尾酒與
琴湯尼

我們的青春，她狂飲，我小酌，我們各有各的年少輕狂，醉在不同的夢鄉，以不同的姿態醒復醉。雖然同在台北，彼此卻毫不相識，各自揮霍狂戀雞尾酒的年代。

與良露結緣，不在狂戀雞尾酒的青春尾巴年華，而在品酌琴湯尼的中年覺醒時分。

　　那時，她花大把的時間看書、大把的時間到處吃喝、大把的時間跟朋友天南地北地聊，每周也花固定的時數（但常自動奉送時數）在金石堂教星座學。至於寫作，她往往只花少少的時間一揮而就。她是著作等身的兩岸知名作家，享有「台北首席女巫」的響亮名號，過著閒雲野鶴，稱心快意的好日子。

　　而我，是海外創業初歸的遊子，台北是只在記憶中熟悉的故鄉，文學是久遠、久遠以前的美夢，還竟然有著「電腦防毒教母」的稱號，依舊在企業江湖中奔波忙碌，只能花一小把的時間吃喝玩樂，一小把的時間與知交閒談。

　　我羨慕她的日子，難得有空就找她，奇怪的是她永遠有空，帶著我大街小巷地尋歡，有時是她偏愛的老店，有時我們一起去探訪新開的小店，總有出其不意的驚喜。

　　忽然有一天，她正正經經找我談，「是我該奉獻，為台灣做些事的時候了。」於是我們共同成立了「南村落」，我出錢她出力，營造巷弄中的美學，推廣健康的美食文化，我們成了公益事業夥伴。她守著南村落，開始忙碌起來，舉辦各種大大小小的文化活動，尤其承接了台北市的「文化護照」活動，一年上百場，要策劃，要宣傳，要編輯，要設網站，還要周旋在官員與廠商之間，真是忙得不可開交。

　　我和全斌當然全力支持，盡量參與活動，但我們都不習慣她的忙碌。全斌抱怨和她出國旅遊的時間大幅減少，我抱怨她講話越來越短促，電話打通，她就一個字，「說！」快人快語，立刻解決，沒功夫閒

扯淡。

那是我們的中年覺醒時期，她捨棄悠閒，投入「善」的奉獻，彷彿唯恐行善不夠，日子過得比企業主管還忙碌。我卻嚮往悠閒，渴望回歸文化界，日子在防毒與寫作之間擺盪。

她說，「雞尾酒是用青春釀的酒。」我們已經過了那個年紀，不再嗜喝，但在人多的活動場合，她總會拿出一支大玻璃缸子，把各種果汁、酒、水果粒，算好份量，一一倒入調和，粉的、橘的、黃的、綠的，創造出一缸子的繽紛甜蜜，叫人膩入醉鄉。那是我們的青春，她狂飲，我小酌，我們各有各的年少輕狂，醉在不同的夢鄉，以不同的姿態醒復醉。雖然同在台北，彼此卻毫不相識，各自揮霍狂戀雞尾酒的年代。

她說，「琴湯尼清新微苦，是中年覺醒的心得。」在繁華落盡後，我們終於相遇，她從閒夢中悠悠醒來，我在碌碌中暮然回首，舉杯對飲，已是中年，該是覺醒的時候了。是的，青春不再，激情不再，歷經滄桑的人生路苦澀難免，但是去除了甜膩與青澀，卻又在微苦中帶出一股清新之意。琴湯尼的滋味越來越甘美，尤其當有人共飲之時，更覺苦就是甜。

她也說過，「血腥瑪麗刺激帶辣，是中年不甘老去的滋味。」她飲遍美酒，果然不甘老去，就比我和全斌先走一步。我罷喝血腥瑪麗，舉起葡萄美酒慢飲，「酒也酩酊，情也酩酊，歲月也酩酊」，縱然明知「如露亦如電」，曾和妳「一起，微醺」的我，安心接受老去的滋味。

因為，我知道微醺的美好，我知道有妳前行，就有星星指引。

陳怡蓁│趨勢科技文化長

part.2

女人

喝的酒

我特別喜歡的梅子酒，是添加紫蘇調味的。有一年去日本伊豆半島旅行，居住在伊東的一間小客棧，適逢夏夜花火祭，旅館的陽台正好俯視松川上燦爛的煙花逬放，我一邊賞景，一邊喝著客棧主人送來的紫蘇青梅新酒，甜甜酸酸又帶著紫蘇的獨特香氣。那一夜我喝完一整瓶的酒，而後在火花的迷離幻景中睡去，夢中仍見光影繽紛，我化成流星光雨飄落。

水果酒
好日子

諾曼地的蘋果酒十分出名，我曾在四月底時到過諾曼地一遊，當時
是蘋果花開的季節，綠色原野上繽紛的粉桃色蘋果花，彷彿花仙子
在大地上跳著舞。

諸多水果酒中，在歐洲最有名的，大概就是蘋果酒（Cider）*了。

我從小就喜歡喝蘋果西打，但這只是汽水，卻用「西打」（Cider）為名，取其都帶著甜甜酸酸的氣泡味。但一個是「Virgin Cider」（沒有酒精的西打），一個才是真正的蘋果酒。

蘋果的滋味

蘋果酒當然不是只像蘋果西打加了酒精而已，蘋果酒的風味比蘋果西打複雜得多，尤其蘋果種類繁多（據說全世界的蘋果有三千多種），雖然不是通通可以做酒，但是可以做酒的蘋果也夠多了，自然使蘋果酒的風味無窮。

我第一次喝蘋果酒，是在美國新罕布夏州一個叫新天堂（New Heaven）的小鎮上。那裡有著濃厚的新英格蘭氣息，到處都種著美國人喜歡的大衛王蘋果，每到十一月，纍纍的果實就掛滿樹梢。

這麼多蘋果，當地的鄉土菜中自然有蘋果填火雞、蘋果餡餅、蘋果派、蘋果汁與蘋果酒。我住的英格蘭式的「B&B」（附早餐的民宿），一天下來幾乎是蘋果全席，早餐有自製的蘋果汁、蘋果派，晚餐則是蘋果煎豬排、蘋果酒。

蘋果汁和蘋果酒都是白色的，蘋果汁的顏色比較混濁，白白的帶著一絲發酵的酒氣（但旅館主人堅稱蘋果汁內沒有酒精，但我覺得有，也許百分之零點幾吧）！蘋果酒看起來比較清澄，入口酸酸的，有種濃厚的發酵酒味。

那一次，並未讓我喜歡上蘋果酒，也許是搭配的食物不對。但我對蘋果汁卻很鍾情，住旅館期間，天天清晨都暢飲數杯，至今仍懷念那入口冰涼酸甜的蘋果香氣。後來去法國布列塔尼（Bretagne）地區旅行，那裡也是蘋果酒盛產的地方，當地有種餐廳，專賣各式蘋果酒及可麗餅（Crêpe）。

我在布列塔尼期間，迷上了這種餐廳，幾乎天天中午都吃可麗餅、喝蘋果酒。這種地方，都會布置成典型的布列塔尼農家模樣，用老舊的木頭做成桌椅，方方大大的桌子，長條的板凳椅——而布列塔尼的椅子是沒有靠背的，可見農家生活的清苦與簡樸。

可麗餅也是清苦簡樸的食物，需要的原料、用具很簡單，麵粉、水和一和，往熱熱的大鐵盤上一炕，就大功告成。典型的布列塔尼可麗餅是黑色的，用的是蕎麥粉，如今流行的法式可麗餅的白麵粉，是改良版，好像白土司和黑麥土司一樣。但現在天然當道，傳統布列塔尼的褐色可麗餅，又成了現代人的新寵，價錢也比白色可麗餅貴。

鹹的可麗餅，簡單的口味如加個蛋或磨菇、火腿、起司等，而複雜的口味可千變萬化，各憑廚師高興。鹹鹹的可麗餅配上酸酸甜甜的蘋果酒，十分對味。但甜的可麗餅（如檸檬、巧克力、香草等），佐配蘋果酒則較不適合。

除了布列塔尼外，諾曼地的蘋果酒也十分出名，我曾在四月底時到過諾曼地一遊，當時是蘋果花開的季節，綠色原野上繽紛的粉桃色蘋果花，彷彿花仙子在大地上跳著舞。

諾曼地的蘋果酒，最適合搭配諾曼地出名的卡蒙貝爾乳酪（Camembert），以及各式奶油料理（如香草奶油羊腿）。清新略酸的蘋果酒發酵味，最能洗去濃郁的牛油口感，而牛油和蘋果又會混合而成一種獨特香氣，是搭配的好組合。

諾曼地人還喜歡將蘋果酒蒸餾變成蘋果白蘭地。蘋果白蘭地並不適合邊喝邊吃飯，但因有消化效果，較適合當成消化酒。

哈密瓜的滋味

在沒嘗過哈密瓜酒之前，我曾試過一道普羅旺斯的有名點心，即哈密瓜加酒。

普羅旺斯的「Charentais」（香紅甜）哈密瓜，色澤橘紅，成熟時有股蜂蜜般的香氣，口感又滑膩。這種哈密瓜略冰過最好吃，但適當的冰法，並非使用懶人的冰箱冷藏，因為冰度太低，對哈密瓜的甜味會有所抑制。當地人最喜歡的冰法，是將哈密瓜放入深井之中，讓沁涼的井水慢慢地把瓜涼透，這樣的涼瓜最能保持哈密瓜原有的香氣。

至於怎麼吃哈密瓜呢？最簡單的方式當然是當水果吃，但加酒吃卻立即把水果變成點心。當地人喜歡將冰涼的成熟柔軟哈密瓜對切，然後倒進半盅的普羅旺斯玫瑰紅酒，讓哈密瓜的滋味及香氣和酒味混合，變成一道「醉蜜瓜」。我在普羅旺斯旅行時，常常在清晨的市集挑個熟美的哈密瓜，在下午的暑熱時，加點冰酒吃冰瓜，每每覺得頓時清涼無比。

後來去北海道旅行，吃到夕張青色的哈密瓜，甜度不若普羅旺斯的蜜瓜，但香氣卻更勝一籌。夕張的蜜瓜有種奇特的香味，初聞較淡，卻越聞越細緻幽微，有種無法形容又耐人尋味的幽香。

小樽有家造酒工坊，擅長用夕張的哈密瓜做成酒，顏色是一抹青，甜度不高，飲時幽香瀰漫鼻尖。這種酒，要喝前才冰，而且不能放在冰箱冰太久，最好飲用前才浸在冰塊加水的冰酒器中，比較能保持風味。

法國也有一種青蜜瓜酒，常常被用來調配雞尾酒。有一款，調出來的酒，帶著奇特的淡淡青草色，令人想起春天原野上的新綠，名稱卻叫「Top Secret」（最高機密），不知何故？原來指的是這樣的獨特色彩。

梅子的滋味

我特別喜歡的梅子酒，是添加紫蘇調味的。有一年去日本伊豆半島旅行，居住在伊東的一間小客棧，適逢夏夜花火祭，旅館的陽台正好俯視松川上燦爛的煙花迸放，我一邊賞景，一邊喝著客棧主人送來的紫蘇青梅新酒，甜甜酸酸又帶著紫蘇的獨特香氣。那一夜我喝完一整瓶的

酒，而後在火花的迷離幻景中睡去，夢中仍見光影繽紛，我化成流星光雨飄落。

青梅上市時，住在中部的朋友送來一簍新梅，並且教我釀梅酒的方法，我照其指示，釀酒封罐，等待四個多月後秋涼時分開樽。第一次釀製的梅酒，也許因為是親手製作，自己覺得喝起來很順口，我尤其喜歡在家中吃串燒時配梅酒，會特別有胃口。

日本梅酒曾在台灣風靡一時，最熱時，某個品牌的梅酒到處都買不著。其實釀梅酒是中國古風，在《三國志》中就有「青梅煮酒論英雄」這句話，可見三國時期，中國人已經喝青梅酒了。

除了青梅外，中國還有號稱三姊妹的三梅酒，一是由草莓做成的酒，釀出的酒液金紅故叫金梅酒；另外是由黑醋栗的漿果做的酒，顏色紫紅，稱紫梅酒；再是由樹莓製成的酒，有一種特殊的香味，故叫香梅酒。

這些酸酸甜甜的梅酒，十分適合在天氣熱時加了冰塊飲用，喝來生津解渴。有時，我在做晚飯前，會為自己調一杯冰梅酒，先把胃開了，再去做菜，往往會做得較好吃，因為做菜時有好胃口是很重要的事。

· Cider是用蘋果汁釀製而成的酒精飲料，酒精濃度約從2%至8%。有些地區Cider又稱為Apple Wine，如德國、美洲等。早期蘋果酒傳統產區主要在英國南部和法國西北諾曼第不適宜種植葡萄的地方，現今已有許多國家也開始生產蘋果酒。

風雅
花草酒

有一年夏天，我在普羅旺斯小住，認識了當地一位開花草茶店的女
人。經常上她的店喝茶，相熟後知道她也用花草泡裝不少酒，而我
對各種酒一向好奇有加，便央求她教我如何釀裝花草酒，其實是想
找機會試飲她自釀的花草酒。

近幾年，台灣十分流行喝花草茶，像薰衣草、薄荷、玫瑰、紫丁香、迷迭香等等。這種喝花草茶的風氣，一般人以為是西歐人發明，其實是受阿拉伯人的影響，像盛行花草茶的普羅旺斯及蔚藍海岸，在中世紀時都深受阿拉伯文化的影響。

　　花草除了可入茶外，還可入酒。我在普羅旺斯旅行時，就看到有不少商店在賣花草酒，像薰衣草酒、迷迭香酒、玫瑰酒、蒔蘿酒等。這些花草都是泡在透明的葡萄渣釀白蘭地（Grappa）或蘋果白蘭地（Calvados）之中。至於這些花草酒受何人影響，我查了書之後，才發現竟然又是阿拉伯人。

　　不少阿拉伯人如今嚴守回教教律不飲酒，因此一般人並不知道，世界上第一個蒸餾酒機也是阿拉伯人發明出來的。阿拉伯人曾是世界上十分有創造力的民族，在數學、天文、醫藥、文學、美術、庭園設計、建築等都表現傑出，如今創造力較低落，不知是不是和禁酒有關。

　　有一年夏天，我在普羅旺斯小住，認識了當地一位開花草茶店的女人。因為常常上她的店喝茶，相熟後知道她也用花草泡裝不少酒，當時我還很少見到花草酒，而我對各種酒一向好奇有加，便央求她教我如何釀裝花草酒，其實是找機會試飲她自釀的花草酒。

　　花草酒的味道並不特別，為了不掩蓋香氣，都以沒太多味道的葡萄、蘋果蒸餾酒泡裝，而這些透明的底酒也容易襯托出各種花草的姿態。花草酒很美，在透明的酒中浮現著放大了的花朵枝葉，有如看水族館般，每每令我望得著迷。像紫藍色的迷迭香、粉紅的玫瑰花瓣、藍綠的蒔蘿細葉、草色青青的薄荷葉、黃色的牛至草，浸泡在酒瓶中，有種凝結的美感。

　　花草酒像花草茶一樣，以療效訴求，像蒔蘿酒可醒神，而玫瑰花酒可催情，最適合睡前飲用。

　　泡花草酒十分容易，像迷迭香、薰衣草之類的，只要丟進蒸餾酒中置一兩個星期即可，種子類的如蒔蘿子要先壓碎種籽，花瓣類的要先用

吹風機烘乾花瓣讓水分消失。花瓣入酒需時較久，但一個月左右也就夠了。

學會釀裝花草酒，回倫敦後，我也在餐桌前的木櫃上擺放幾瓶，朋友來時，看到這些美麗標本，都十分讚歎，可說是最好的室內擺飾。

喝花草酒，最宜清晨，當味覺尚未受一天食物的催眠前，小小喝一口花草酒，讓清晨甦醒的味蕾接受花草細微的挑逗。這種喝法，尤其適合前一夜曾醉酒的人，一小杯花草酒，據說最能治療宿醉。有一陣子，釀造了好幾瓶花草酒，每日清晨小酌三十毫升，那一陣子消化特別好，功能比清晨喝兩百五十毫升的開水還有效。

在中國，也有泡製花草酒的傳統，只因強調療效，都叫它藥酒。一叫藥酒，中老年人都豎起耳朵，但年輕人聽到就頭疼。

像我小時候，也不太喜歡藥酒，這幾年，卻變得不排斥了，想必是衰老的徵兆。其實十分有名的竹葉青酒，也是花草酒（藥酒）的一種。竹葉青以汾酒為基酒（如外國的葡萄渣釀白蘭地），再加入梔子、丁香、檀香、慶木香、竹葉等，最後加冰糖，據說有降火、消炎、解毒、通氣等療效。

如果說花草茶像花仙子甦醒，花草酒就像花仙子還魂。喝花草茶，喝的是花草的香氣，但喝花草酒，喝的卻是花草的精氣。

除了竹葉青外，中國古籍也記載不少以花入酒的事蹟，例如明代的《快雪堂漫錄》中，有茉莉酒的製法，即把茉莉花用線繫住，懸在酒瓶中。在酒瓶一指處吊著，然後封住瓶口，直待花香透酒，這等功夫，讀之也心馳神往。

此外，人們在除夕守歲時喝的屠蘇酒*，也是這一類的酒。屠蘇酒的配方，也是各種中藥材，如大黃、白朮、桔梗、桂心等。

在日劇《美人》中，擔任整容醫生的田村正和喜愛泡花草茶，其實以他的職業而言，他泡製花草酒更適合，因為他的工作是讓美經由人工凝結在一張臉孔上，有如花草之姿凝結在透明的酒中。

喝花草酒，只宜小啜，而且必單飲，不可配他種食物，細心品嘗著花草和酒精互溶的味道；這彷彿變成古代煉金術士，在天地之間，學習自然花草與酒精的煉金術。

・　屠蘇酒：又名「歲酒」，相傳是漢代的名醫華佗創製的，有防病作用，配方為大黃、白朮、桂枝、防風、花椒、烏頭、附子等中藥入酒中浸製而成。

夏天清涼的
桑格莉亞

佐餐飲料以酒居多，除了白酒、啤酒外，最受當地人歡迎的是「桑格莉亞」（Sangria，葡萄酒調酒），尤其是在夏天時，因此該酒款有種稱號叫「夏天的混合酒」。

每次到西班牙，最喜歡的就是去Tapas酒館吃吃喝喝。「Tapas」是西班牙的小吃，多半是冷盤，店家會準備許多大盆放在櫃台上，客人挑選後，店家再盛入小碟。聲勢浩大的Tapas店家，其所準備的小吃會高達四、五十種，看得眼花撩亂，而再普通的Tapas店，也至少要有十幾、二十樣才撐得起場面，否則大概沒客人會上門來。

　　常見的Tapas冷盤，一定會有蒜漬小烏賊、醃橄欖、「Serrano生火腿」、西班牙蛋捲、醋漬貽貝、西班牙香腸等。由於這些冷盤口味都有點鹹，除了配麵包吃外，也需要佐餐的飲料。佐餐飲料以酒居多，除了白酒、啤酒外，最受當地人歡迎的是「桑格莉亞」（Sangria，葡萄酒調酒），尤其是在夏天時，因此該酒款有種稱號叫「夏天的混合酒」。

　　桑格莉亞的作法說來簡單，不過就是紅酒加橘子汁加檸檬片，外加一些香料。雖說原理簡單，各家Tapas酒館調配出來的味道還是大有不同。原因很多，譬如說紅酒的好壞。做桑格莉亞的紅酒當然不會是高級的西班牙里歐哈（Rioja）紅酒，但也不能是太差的劣質紅酒。一般而言，要用水果香味重的新釀酒為上，較順口。至於橘子汁，考究的店家會用自製的新鮮果汁（現打當然最佳），但一般大眾化酒館不太可能這麼做，我只在很高級的雅痞Tapas酒館，喝過新鮮的橘汁。一般都是用外頭買的果汁，能用百分之百的純汁就不錯了。紅酒和果汁及冰塊的比例是各憑己意，不可太濃亦不可太淡，因此還要算好冰塊溶化的速度。至於香料，有的店家會加肉桂皮、或豆蔻、或丁香，但這是傳統喝法，現在一般店家已不流行加香料了，除非在還保持著濃厚摩爾人影響的安達魯西亞（Andalusia）地區，才會喝到加香料的桑格莉亞。

　　我喝過最好喝的桑格莉亞，是在哥多華（Córdoba）的老城內。我住的小旅館靠近古猶太人巷，對面有一間很具家庭風味的Tapas酒館，小菜不多也不少，有二十幾樣，我幾乎每一樣都叫。和朋友坐在露天的陽台口上，身旁爬滿艷紅奪紫的九重葛，夏日的夜空如藍寶石，點點繁星則如碎鑽閃爍。

這家餐館的Tapas很可口，桑格莉亞更好喝，雖然不是雅痞餐廳，但橘子汁還是現榨的（而且收費低廉）。桑格莉亞中飄浮有檸檬皮及月桂葉，組合成很豐富的風味。

那一夜，我們從九點吃喝到晚上一點，細細地品嘗每一碟小菜，讓我對西班牙小料理完全稱了心如了意。

我一向喜歡吃各國食物中的小料理，像上海菜中的頭盆小菜、義大利的小前菜、日本菜中的小缽小盅菜，把這些原本用來開胃的菜當成主菜吃，由於不容易飽，可以一路吃一路聊天，再配上好酒，更容易盡歡。我們喝了兩大壺的桑格莉亞，後來，老闆還來陪我們吃喝，完全像台灣飲食店的老闆遇到熟客一樣；並拿出他的私房菜，剛做好的墨魚黑汁漬墨魚鬚，吃完一嘴烏黑油亮，灌上一口桑格莉亞分外爽口。

那一夜，可讓我對桑格莉亞及Tapas完全心滿意足了。桑格莉亞是夏天的混合酒，去過西班牙的人大概都聽過、喝過這種酒。但還有冬天的版本，知道的人就比較少了。我也是有一年冬天在格拉那達（Granada）旅行時，才喝到了「冬天的混合酒」。

冬天的桑格莉亞

格拉那達的冬天，西班牙半島上最高峰的內華達山（Sierra Nevada），一片白茫茫的山頭，積雪十分美麗。由於地處南方，冬天並不太冷，有時碰上陽光普照時，冬天還可以下水游泳。我有個西班牙朋友，一直說他晚年退休要到格拉那達，就是因為在全西班牙，只有格拉那達可以在冬天同一天上山滑雪又下海游泳。

格拉那達的冬天也會突然變冷，有時從北非吹來的風夾帶著大量細沙，吹在身上又寒又烈。那天我逛完山頂的阿罕布拉宮（Alhambra）之後，從後山下山，走入如迷宮般的阿貝辛區（Albaicin）中；那一區是吉普賽人的聚落，還遺有一些由山洞挖成的土窯屋，有不少四處流浪的

吉普賽人住在那裡。阿貝辛區的風評不太好，主要是治安欠佳，但以我旅行各處的經驗發現，只要自己不穿金戴銀，衣著簡單樸素，再加上臉上永遠掛著微笑，就不太容易遇到危險。

　　我沿著碎石路走下急坡，腳底一滑，一路衝衝撞撞，差點撞上正在家門前煮一鍋不知什麼東西的老婦人。我用奇破無比的西班牙文向她道歉，她看著我竟然用英語回答，原來這個吉普賽老婦人會說英語，可讓我大吃一驚。

　　看著老婦人正在煮的湯，有著濃濃的紅酒味，出於好奇問她在煮什麼，她說了一個我聽不懂的名字。見我不懂，她才解釋說是「冬天的桑格莉亞」或「桑格莉亞的冬天版本」之類的。

　　酒已經冒著蒸氣了，老婦人移開鐵鍋，拿出鐵勺將酒盛入兩個陶碗中，竟然遞了一碗給我。這酒看起來太像「女巫湯」了，我單身出門，還是得保持警覺；我等著老婦人先喝，看她喝了後，才敢開始慢慢細飲。

　　酒中沒下迷魂藥，不過放了不少香料。我分辨著嘴中的滋味及鼻上的香味，有肉桂、丁香、豆蔻和橘皮，而湯底果然是紅酒，也加了橘子汁，由於水蒸氣蒸發了一些，冬天的混合酒喝起來味道濃郁強勁，還有一種藥味，像藥膳酒。

　　老婦人跟我說，這種酒有神奇效果，其中之一是可以抵禦從北非來的強風；喝過後，身子會強，不怕風寒。她說得沒錯。當我謝別後再走下山時，一路上身子都暖呼呼的。

　　回到台灣後，在寒流來襲時，我也做過冬天的女巫湯招待訪客，大家都會很意外，但通通覺得「不難喝」。我總說，女巫湯有神奇效果的，慢慢你們就會知道。每當我這麼說時，總會想起格拉那達的那位老婦人。

手工
啤酒年代

農家的私人啤酒變化多，即使同一農家，在不同時候去買酒，也不會買到完全一樣的酒款。這種不能規格化的產品，本來就是手工藝時代的特色。但工業時代夠久了，人們也逐漸厭倦這套邏輯「產品一致性及公式化」，開始追求比較不拘形式的創意，回到手工藝時代的自由精神。

曾經有一段時間短暫住在舊金山。有一次，閒逛到舊金山充滿雅痞風的海港區（Marina District）一帶，看到聯合街上新開了一家奇特的店，寫著「自釀啤酒工坊」。

我一向對新事物感興趣，立即進去打聽。原來這個地方以釀造私人啤酒為訴求，客人可以自己設計口味，也可以告訴店家自己所愛，由店家代為調配。我知道美國一向有私釀啤酒的傳統，但過去這麼做的人大多是農家。由於啤酒在美國被視為類似一般飲料，因此即使禁酒令嚴格執行之時，許多農家仍偷偷私釀啤酒，而執法者也比較不抓釀啤酒的人。

有一年，我和朋友去匹茲堡（Pittsburgh）玩，住在當地友人家，就看到他們到清晨的農夫市場去買私啤，價錢不只便宜，還有十分特別的私家風味。每一個農家釀出的口味不一，不像工業大廠的公式化啤酒，還沒喝前，早就知道是什麼滋味。農家的私人啤酒變化多，即使同一農家，在不同時候去買酒，也不會買到完全一樣的酒款。

這種不能規格化的產品，本來就是手工藝時代的特色，工業革命就是為了打破這樣的限制，以追求產品的一致性及公式化。但工業時代夠久了，人們也逐漸厭倦這套邏輯，開始追求比較不拘形式的創意，回到手工藝時代的自由精神。

舊金山人本來就崇尚追求自由及開放的生活型態，像我很喜歡去的農夫市場，每逢周日在渡輪碼頭前的廣場舉行，在那裡可以買到各式各樣的手工食物，從自家製的黑麥麵包、裸麥麵包、雜糧麵包，到各種手工起司、果醬、蜂蜜、臘腸、水果酒等等包羅萬象。

這股手工風潮成為後雅痞時代的生活風尚，一九八〇年代中期崇尚名牌的雅痞早就落伍了，取而代之的是開始講求靈性復興運動的新雅痞，注重環保、崇尚手工藝、實行靜坐、講求內在平靜（Inner Peace）。

開起私釀啤酒工坊的安迪，就是這號人物。他告訴我，他原本在華

爾街炒期貨，生活在極度緊張的高利潤、高風險的追求中，有如分分秒秒在玩雲霄飛車。十多年下來，覺得自己患了精神焦慮症，知道再不停止那種以分秒計算的生活，一定會瘋掉，因此決定辭掉工作。

存了一些錢的安迪，給自己休一年的假去環遊世界，之後他來到舊金山，天天過著閒散的生活，日子開心愜意。但人總要做些事的，尤其是從事自己喜愛的工作，安迪一向愛酒，尤其是啤酒，他就想到，既然他對各家酒廠的啤酒瞭若指掌，為什麼不開家私釀啤酒工坊呢？

現代農夫的生活品味

私釀啤酒的風潮，也不知道是誰開始的，安迪並不是第一個這樣想的人，從一九九〇年代初期，有些人就已經這麼做了。剛開始是在各地的農夫市場販售，但賣酒的人並非傳統農夫，而是一些有品味的退休雅痞改行的現代農夫。

這幫現代農夫對美國的味覺文化的確改變很大，像風行一時的羊奶起司、手工冰淇淋，都屬於同一風潮，之後就是手工啤酒。這些手工啤酒不像從前傳統農夫的啤酒，以大麥及啤酒花為主；現代的手工啤酒，其實比較像歐陸的傳統，不少取法自比利時、英國、德國的古法釀製。大概因為這些退休雅痞都見多識廣吧！安迪對歐陸啤酒也如數家珍，環遊世界一圈時，他為了啤酒，在小小的比利時待得最久。

我看著安迪啤酒工坊提供的製酒單，客人可以自行挑選，先從原料開始，大麥、小麥、裸麥、玉米皆可，發酵的方式也很多，從啤酒花、酵母到自然微生物發酵都可以，發酵的時間也可長可短，全部發酵、一半發酵或是上層發酵都行，還有各種添加物，櫻桃、桃子、黑醋栗、覆盆莓、奇異果等等。

客人如果自認懂啤酒，可以自己拿筆圈選，但最好是真懂，不要硬充內行。安迪說，有的客人會亂挑，完全不照邏輯，配出來的啤酒就會

很難喝，他們就會怪罪店家。因此，店裡也提供上百種酒單，供喜歡新奇變化的人挑選，這些配法是實驗過的，有一定「可接受」的風味。不要以為這樣就不原創，這些酒單上的啤酒，包準你在別處喝不到，而且因為採小量釀製，即使選了同樣的酒款，每一次釀製的過程也會有變化，因此仍是「獨特的」。

　　從上面這樣的酒單裡挑選也並非易事，還有一種方法，即直接詢問店裡的啤酒顧問，告訴他你喜歡喝哪樣的啤酒？隨便你形容，你可以說像野雁飛過秋天的燕麥田（不知道會配成怎樣？），也可以列舉些通常的口味，例如說要像健力士黑啤酒（Guinness），又要有點不一樣，或像米樂（Miller）啤酒但還要再清新一點等等（這種模仿就比較沒創意）。要不然用更專業的方法問，例如說想要像紅啤酒、白啤酒、麥酒（Ale）、櫻桃啤酒等等，不管怎麼問，啤酒顧問都可以幫你挑選，但不包君滿意。

　　我一向喜歡櫻桃啤酒，就選定這款。這裡訂貨，最少要兩箱，還可以為你設計商標，標上自己的名字或自己想出的任何名字，而且所有作法的酒單都會保留，作為未來想訂同款啤酒的口味參考。

　　我用了我的英文名字，但其實是法文的「Lucille」，訂了這款櫻桃啤酒，覺得越來越像比利時的手工啤酒了——比利時不也說法文？

　　從訂貨到交貨，要兩個月至三個月的時間，端視發酵期的長短及店家忙碌的狀況而定。兩個月後，我就拿到我的「Lucille啤酒」。我很得意，立即拿一些去分送諸親友，彷彿真的是自己做的一樣，朋友也很賞面子，說「不難喝」。還有人開玩笑，說我可以拿去賣，也許會大發利市。這當然是不可能的，我私釀的櫻桃啤酒，一瓶成本就要近三塊美金，這麼貴，誰要買？

　　之後，我又釀了一次覆盆莓啤酒，由於已有經驗，先和顧問討論後，把口味略作調整，果然比第一次的櫻桃啤酒好喝，但卻沒有第一次看到我的Lucille櫻桃啤酒時那麼興奮了。

前些日子，在信義路一家比利時餐館吃飯喝啤酒，看到他們也有釀酒器；店裡的人說，開放民間釀酒這案子在立法院已經拖太久了（2002年取消專賣制度，開放民間釀酒），只是這類民生法案一向不受重視。然而比起政治大事，這些生活小事顯然帶給民眾更多的生活樂趣，而非痛苦。

　　其實，台灣本來就有私釀酒的傳統，尤其是米酒及水果酒（我自己就釀梅酒、李子酒、鳳梨酒），但釀私啤並未見過，我還蠻期待也能在台灣找個店家釀私啤。私啤的第一口滋味，是永遠不會忘記的興奮和陶醉。

蜂蜜酒
文藝復興

古代希臘的詩文、壁畫及浮雕中，有不少飲宴的情景，喝的多半是蜂蜜酒。我們喝著這家餐館遵循古法釀製的蜂蜜酒，覺得很可口，甜甜的帶點微酸的酒釀味，有點像中國的淡酒釀……

希臘曾被鄂圖曼帝國統治了近五百年，人種、衣著、食物的分別變得很混淆，譬如說同樣近似的茴香酒，在希臘叫「吾索」（Ouzo），到了土耳其就叫「拉卡」（Raki）；而幾乎一模一樣的用黃銅罐煮的黑咖啡，兩方各自堅持叫土耳其咖啡及希臘咖啡。（土耳其應當是對的，因為土耳其比希臘早一步飲用咖啡。）

　　而土耳其料理和希臘料理，又有許多相似之處，像一些前菜，如優格、粉紅魚子醬泥、茄子泥、葡萄葉包米肉等，或主菜如烤肉串、起司茄子鑲肉，或甜點「Baklava」（很甜）等，彼此都各有對方的影子。

　　希臘和土耳其的飲食風味如此接近，但雙方仍是世仇。有個笑話說，如果在希臘有個火車出事，希臘人一定說是土耳其搞的陰謀；而在土耳其如果水管壞了，土耳其人也說是希臘人搞的蛋。這些民族仇恨，在歷史多變的因緣中起承轉合，永遠各執己端，令人哀嘆。

　　有些希臘人不想在近代幾百年的歷史中打轉，他們力圖恢復希臘遠古的光輝，在希臘雅典時代找尋民族的認同，這一波希臘古代文藝復興運動，遍及建築、服裝、音樂、日常用具、飲食等方面。我在雅典有位曾擔任過船長的忘年之交，他推薦我去一家很特殊的餐館，即是以希臘古代文藝復興為宗旨，力圖重塑兩千年前的希臘式生活來經營的。

　　我和朋友叫了計程車，前往這個位於雅典舊區，叫作「古代烹飪」（Ancient Cuisine）的餐館。老區一帶入夜後很安靜，有狹窄的巷弄及老式的平房，可能在當地是像台北老街迪化街那一帶的感覺。

　　才進餐館，我就驚訝於原本的平房被改建成希臘雅典時期的建築。我當然沒看過兩千年前的雅典建築，但曾從不少濕壁畫看過當時一些富裕人家的生活情景。眼前所見景象，恍如壁畫上的景物與人物走了下來，穿著古典長袍的男女侍者端著古代用的陶器，仿古的桌椅散布在古典的園林中，而古代的希臘音樂（一種類似豎琴的樂器聲）琮琮地響著⋯⋯

　　我們坐了下來，男侍者也端來待客用的蜂蜜酒（Mead），告訴我們

說這是古代希臘人喝的酒，他們遵照古法釀製。蜂蜜酒盛在褐色的厚土陶水瓶中，像極了希臘考古博物館中陳列的古代水瓶。

蜂蜜酒可能是人類最早飲用的酒，因為蜂蜜酒製法簡單，只要有蜂蜜加上清水，就很容易發酵成酒。希臘人稱呼蜂蜜為「Methy」，這個字的發音和梵語的「Madhu」、中文的「蜜」、亞利安語（Aryan）的「Mit」，以及斯拉夫語的「Medhu」都很接近，可見這些民族之間在蜂蜜酒的採取、利用上存有一些關聯。

希臘的蜂蜜酒，有可能是受埃及的影響，古埃及人早有喝蜂蜜酒的習慣，而在希臘時期，模仿埃及事物是當時的風潮。在古代希臘的詩文、壁畫及浮雕中，有不少飲宴的情景，喝的多半是蜂蜜酒。我們喝著這家餐館遵循古法釀製的蜂蜜酒，覺得很可口，甜甜的帶點微酸的酒釀味，有點像中國的淡酒釀，可能因為都是糖發酵的原理一致。

我們一邊喝酒，一邊開始點菜，這些菜式根據餐館的說明，是依照一本古代希臘食譜製作而成，菜式很簡單，我們幾個人分別叫了不同的菜，以便分食。我叫的水果燉豬肉十分好吃，撒上松子的生菜沙拉也很可口，朋友的乳酪甜點也很有滋味。侍者向我們說明這些菜色都是根據古代食譜而作，不曉得是不是真的，如果是真的，那兩千年前的古希臘人口味和現代雅痞差不多嘛！

我們喝多了蜂蜜酒，走出餐廳時，腳步已經有點顛簸，但心情很好，抬頭看著天上的繁星，難得空氣污染嚴重的雅典會有這麼美的夜空，想必明天會有好天氣。叫了輛計程車，進去才發現是車齡大概二十年的賓士，司機一口破散英文，但很熱心，一直比手畫腳地跟我們討論希臘政治（這點很像台灣）。他可能比我們更酒醉，在紅燈前他緊急剎車，自己撞上了方向盤，我們也摔得東倒西歪。還好蜂蜜酒意仍在，我們並未急著下車，大夥還是嘻嘻哈哈一路平安地坐回旅館。

雪莉酒
女人心

雪莉酒是用曬乾的葡萄釀製而成，在釀造過程中要加入白蘭地，酒精濃度比葡萄酒高，達十六度或十七度，口味也較甜，一般用來當飯前甜酒，由於只喝一小杯，因此剛好達到助興的用途，而不致引人入醉。

每次喝雪莉酒（Sherry）＊，總會讓我想起英國十九世紀維多利亞時期的仕女。有些早期的雪莉酒瓶上，還印有這種穿著曳地長裙，彷彿從咆哮山莊或米蘭山莊裡走出來的端莊女士。

　　當時有身分的仕女是不能讓別人看出愛喝酒的，除了在社交場合、飯前開聊時，已婚女士才被允許喝一點點雪莉酒。但賢淑的女子總有一套說詞，譬如：「就來一小點吧！絕不要多，我只要淺嘗一下。」、「喔！不！我不能喝酒，是雪莉酒嗎？好吧！一小口！陪陪大家吧！」、或者「好吧！我試著喝一點吧！從來沒嘗過雪莉酒的滋味呢！」等等。

　　這幾套公式化的演出，大家心知肚明，雖然有些女人在家中衣櫃裡藏了瓶雪莉酒，有些女人一不留神就一口乾盡杯中的雪莉酒，只能飢渴望著倒酒侍者，卻無法開口再要些酒。而再禮貌的侍者，也不作興為女士加酒。

　　至於沒結婚的女子，在公開的社交場合不宜飲酒，即使是小杯的、甜的、不太礙事的雪莉酒也不行。絕對不能讓未出嫁的女子被人看出對任何酒有隱藏的飢渴，否則流言一出，身價可慮。但這些年輕女子就沒喝過雪莉酒嗎？當然不。英國有不少蛋糕，都可加上雪莉酒；賢淑女子在家做蛋糕時，就可以一小口一小口淺酌，反正臉紅了也可說是烤爐烤紅的。

　　雪莉酒原產地在西班牙赫雷斯（Jerez）一帶。早期雪莉酒的產銷控制在英國人手裡，也因此不會發「Jerez」音的英人，才把這種酒叫成「Sherry」，好記也保證容易暢銷。

　　雪莉酒是用曬乾的葡萄釀製而成，在釀造過程中要加入白蘭地，酒精濃度比葡萄酒高，達十六度或十七度，口味也較甜，一般用來當飯前甜酒，由於只喝一小杯，因此剛好達到助興的用途，而不致引人入醉。

　　英國人是雪莉酒的忠實客戶，早年社交場合必少不了此酒。我研究過此間道理，主要因為英人大多生性謹慎，不主動、不輕易開口；在社

交場合中，如果人人如此，如何社交起來？而有人發現，只要主人提供
雪莉酒，一兩杯下口，包管話匣子打開。但英國人也夠自制，甜酒雖然
容易入口，紳士淑女絕不會多飲，只喝到有興致交談為止；酒不會浪費
太多，傷了主人荷包，客人更不會喝多，以免上餐桌後，壞了英國人最
看重的餐桌禮儀。這種甜酒如果在餐前就給西班牙人、義大利人喝，包
準大家喝到醺然，還好拉丁民族吃飯像中國人，可以雙手並用，而不怕
失禮。

我小時候看英國或美國電影，裡面常有不少人到了宴會或餐館中，
總有人問他們「要不要來點Sherry」？我聽了一直很羨慕。也許是因為
「Sherry」名字好聽，又好記，像美女的名字，因此雪莉酒一直給我一
種羅曼蒂克的感覺；喝雪莉酒的女人是南方《亂世佳人》（Gone With
the Wind）中的郝思嘉，再不然也還是《慾望街車》（A Streetcar Named
Desire）中的白蘭琪，但絕對不會是《畢業生》（The Graduate）中喝琴
酒的怨婦。

長大後，當我喝到雪莉酒和琴酒，卻發現自己不喜歡雪莉酒的味
道，而偏愛琴酒中杜松子的芳香。我心裡著實一驚，深怕自己日後會變
成怨婦。還好等我去西班牙旅行，特別到雪莉酒的原產地——「Jerez de
la Frontera」，在那裡喝到十分純正可口的雪莉酒，又燃起我對雪莉酒的
舊時情懷。

但是做出十分好喝的雪莉酒的酒莊老闆安東尼，卻告訴我雪莉酒的
銷路越來越差了。年紀大的男人現在都不愛喝這種會聯想到女士的酒；
在宴會中男人喝雪莉酒會讓人覺得娘娘腔，連同性戀男人都改喝海尼根
或伏特加，而年輕的男女也不喝，因為雪莉酒被看成是過時的酒，有點
老土。

唯一還喝雪莉酒的是一些老婦人，一小杯在手，懷想當年的衣香鬢
影，誰暗戀誰，誰對誰心動。雖然現在沒人管這些老婦人喝多少雪莉
酒，但她們於今可不用眼巴巴地望著空了的酒杯，渴望再來一些甜美的

酒汁，就像渴望愛人一樣激烈。可是上年紀的人，管她們的是歲月、糖尿病、高血壓都不宜多飲雪莉酒。年輕年老都不敢喝雪莉酒，但卻是兩樣情。

我在赫雷斯（Jerez）買了不甜的「Fino」（基本型辛味）和一瓶較甜的「Cream」（混合加甜），帶回台北。幸好我既不老又不太年輕，偶爾喝喝雪莉酒，就像自己看過的電影和小說那些人物一樣，譬如當讀到克莉絲蒂（Agatha Christie）中的那個老婦人偵探，偶爾也來杯雪莉酒，我也會去斟上一杯，和她一起苦思如何破案。

雪莉酒雖說是甜酒，但也分成辛味（Fino）、中甜味（Pale Cream、Medium）及甜味（Cream）三種；辛味者不耐久放，開瓶後最好一周內喝完，否則風味盡失。甜味者可擺較久，但台灣天氣炎熱，最好還是放在冰箱內保存。

· 雪莉酒（Sherry），在歐洲是一個專用的受保護原產地名稱，像法國的香檳一樣，標示為Sherry的葡萄酒都必須產自西班牙雪莉三角洲地區，位於Cadiz省的 Jerez de la Frontera、Sanlúcar de Barrameda和El Puerto de Santa María之間的一塊區域。約有90%的雪莉酒是用Palomino葡萄品種釀造。

清酒
吟釀

吟釀吟唱的是一曲淡淡柔柔千迴百轉的歌，最適合情侶細飲談心，
兩人依偎對飲，品嘗著口中的淡酒，有如對愛人最細微心思的體
會。

除了在吃日本料理時喝清酒（Sake）*外，平常我從未單飲清酒。總覺得一般的清酒味道平凡，只是比台灣米酒順口好喝的另一種米酒，適合佐配清淡的日本料理，但絕不配一般的中國菜，連口味較重的日本菜（如串燒、豚煮之類），也是宜燒酎而不宜清酒。

但自從看了《夏子的酒》這套漫畫後，觀點大為改觀。日本人最可怕的就是這一點，憑著漫畫的推廣，讓許多飲食產業（如拉麵、丼飯、咖哩飯等庶民食物）都變成傳奇。而《夏子的酒》也讓最高級的清酒——吟釀，登上了神話的聖殿。後來我問日本友人，才知道《夏子的酒》只是盡推波助瀾之力而已，把一個原本就有的吟釀復興潮流推成了大海潮。

這個吟釀復活記，要從一九八〇年代中葉開始說起。當時日本人開始瘋狂著迷於口味純淨、富變化的純麥芽威士忌酒，荒涼蕭索的英國西北部艾雷島（Islay）的酒廠內，突然湧入大批日本人，爭相購買被喻為最有個性的威士忌。

而同時，日本清酒的銷路卻大幅衰落。日本的清酒，原來都是家庭手造的釀酒工坊所製造，品質不一，好的清酒很好，濫竽充數的也不少。因為小工坊很難大做廣告，因此當有些大酒坊開始合併，並用廣告行銷的手法，大量促銷品質穩定、但風味普遍平凡的清酒時，真正生產優良清酒的小酒坊根本敵不過，造成很多小酒坊關門或賣給大酒坊。

然而純麥芽威士忌的潮流，使得一些日本人開始想起他們的清酒傳統——為什麼不生產高品質、純米釀造的清酒呢？於是，一些有心的酒坊，開始不約而同生產這種最高等級的清酒，取名「吟釀」。取如此美麗的名字，是源於酒發酵時會發出像吟唱般的聲音。

釀造高級的吟釀酒，要講究的事可多了，像《夏子的酒》中的酒人在造酒前，還要種米，而且種的是一種已經失傳的古代米。目前高級吟釀用米，大多是山田錦米，這種米以新潟產的最優良，而有的酒坊喜歡用有機米。生產好米的地方，常常是山明水秀之處，未經污染的米和未

經污染的水，都是釀造吟釀的重要原料。

好米好水都具備後，酒坊的技術和心意就成了吟釀決勝負的基礎。《夏子的酒》漫畫中所描述的「藏人」為酒不辭辛勞的事絕非誇張，像講究的酒師傅只用備長炭做過濾酒味的活性炭，或訂製上好的白橡木桶存酒等等。

日本有所謂匠人精神，即近代西方說的工藝精神，在這種傳統下，日本人對任何物品的製造，都會發展出「道」，如茶道、劍道、花道，而在酒道中最受推崇的就是吟釀道。

有一次我和琉璃工坊的張毅吃日本料理，談起了吟釀。他曾遇到一位吟釀大師，說起吟釀的品等，是藝術的境界，從普遍到優良的區分，大多數人可分，但從優良到極品，卻很少人分得出。

每一次我到日本旅行，看到酒舖中吟釀酒的標價時，就有這種不知如何區分的感覺。有的吟釀一瓶上千台幣，但得到地區金賞獎的大吟釀或純米吟釀，則要四、五千，全國大獎的吟釀就要上萬元了。

我曾為了研究吟釀，請懂吟釀的日本友人為我買上幾款不同價位的吟釀來試喝，然後找一些朋友一起品嘗，從價位低的喝到價位高的，但其變化比起紅白酒要小得多；基本上的區分可能是順口，價位越高的越順口，喝下去的口感也越豐厚，也越有一股獨特的米香。

吟釀酒透明如水，但和同樣透明如水的伏特加看起來卻有分別。我曾仔細觀察，發現兩者的透明感真的不同，吟釀的透明有種玉的純淨，伏特加的透明卻有如水晶光華。

東京西新宿的京王廣場飯店地下室，有家叫「天乃川」的日本酒酒吧，是我在東京旅行時常去之處。我很喜歡天乃川的布置，十分高科技的冷色調，大落地窗外，以黑色大理石為背景的人工瀑布水景，有種超時空感。天乃川收藏有很多珍貴的吟釀酒，像著名的玉乃光、神龜、花垣等。

講究喝吟釀的人，要純飲，像品嘗純麥芽威士忌一樣，這樣才喝得

出吟釀特有的香氣。如果非要拿吟釀配菜，最好搭配一些口味清淡的日式小菜，而且不宜紅燒、酸漬，挺好的是灑了鹽用小火烤過的銀杏。

　　有一次，導演李崗在家請客，剛從日本回來的我帶了上好的吟釀去，配上他拿手的紅燒蹄膀，喝來真是慘不忍喝。蹄膀雖然好吃，但重油重紅燒的口味把舌頭都催眠了，根本喝不出吟釀細緻的風味。我覺得自己太大意，一時失察帶錯了酒，該帶特級高粱才對。

　　吟釀吟唱的是一曲淡淡柔柔千迴百轉的歌，最適合情侶細飲談心，兩人依偎對飲，品嘗著口中的淡酒，有如對愛人最細微心思的體會。

· 「清酒」屬釀造酒，「燒酎」為蒸餾酒，清酒酒精濃度不可能超過22度，超過就是燒酎。清酒分成純米酒、純米吟釀與純米大吟釀，差別就在精米度。精米度指的是磨掉米的比例，70%代表磨掉30%的米的外層。所以通常要稱為純米大吟釀，精米度必須為50%。

山地酒
的滋味

山地小米露喝來則微酸微甜，冰鎮後引用，有一種可爾必思的感
覺，夏天飯前喝一小杯，實在很開胃。冬天裡可以燙熱再喝，有很
濃的酒釀香氣。

有一天，走進北投市場，看到一小販在賣自家釀的酒。往攤前一站，看到了金黃色的山地小米露、鮮紅色的山地黑糯米露、粉紅色的山藥露，與深紫色的山葡萄露。

　　我一一試喝，各有不同的香味，口感也很醇厚。和賣家聊起天，原來他老家在烏來山裡，有一老店就賣這些山地酒，但他遷來北投住，就從本家批些貨在市場賣起酒來。

　　我回北投是為了辦戶口，沒想到遇到這位小酒販，竟然就拎了四瓶酒回家。由於是私酒，外子本來還不太敢喝，深怕喝到摻放什麼工業酒精之類的酒，但由於我已經一一試喝過，憑我多年飲酒心得，自然喝得出這些私酒釀得如何。而外子看我飲喝幾次仍無異樣，也跟著品嘗起來，一喝之後，也讚嘆起這批不同風味的山地酒的好滋味。

　　喝著這些山地酒，就令我回想起在過去不同的時光中，和這些酒相逢的不同人生情境。

　　我第一次喝山地小米露，是高一升高二的那年夏天，參加了救國團辦的夏令營，到蘭嶼去玩。那時的蘭嶼，還不是核廢料的掩埋場，是個美麗無比的島嶼。我和一群年輕人，鎮日在島上嬉遊，瞞著救國團的指導員，跑去當地雅美族（達悟族）的傳統兩層茅草亭中，和當地好客的原住民一塊嚼飛魚乾，吃烤小芋頭，喝小米酒。

　　那年夏天，天好藍，海也好藍，島上綠意盎然，海風每天涼涼地吹，日子好玩極了。後來還有更好玩的事發生。在我們該離去的前一天，海上吹起大風暴，不知道是幾級的狂風，讓所有的船隻都受困小島。然而，已經愛上蘭嶼的我及一些朋友，卻很高興暫時不用回家，我們真的又在島上困住五天。由於沒有蔬菜補給，後來餐餐都吃牛肉，但牛肉是當地很珍貴的食物，我們就偷偷把飯桌上的牛肉裝在容器中，拿去送給我們新交的原住民朋友。最後終於得離開蘭嶼，臨上船前，當地朋友還送給我兩瓶山地小米酒。

　　如今，又在北投市場買到喝來差不多的小米酒，就想起那年的夏

天，那年的海洋、青春和友情。

而山地小米露喝來則微酸微甜，冰鎮後引用，有一種可爾必思的感覺，夏天飯前喝一小杯，實在很開胃。冬天裡可以燙熱再喝，有很濃的酒釀香氣。

山地黑糯米露

用黑糯米釀酒，早年較少見，是近年來流行的健康養生酒，因黑糯米有補血通氣之說。我第一次喝山地黑糯米露，是和朋友去烏來洗露天溫泉。冬天洗完溫泉一身汗後，朋友說要補充元氣，帶我們去烏來鄉中一小店喝黑糯米酒燉放山雞湯，滋味比燒酒雞細緻多了。之後我純飲一小盅燙熱的黑糯米酒，坐在臨溪的山谷旁，聽著溪澗和牛蛙的合鳴，覺得此情此景，只宜山地酒，如果此時喝的是外國進口的紅白酒，則不免有些唐突。

我後來曾試著用黑糯米酒，在夏天做成義式冰淇淋，並不輸義大利奇揚地酒（Chianti）做成的紅酒冰淇淋。做出來的冰淇淋色澤也很美，帶著如紅酒般的酒色。這款冰淇淋，很富本土風味，我請一些住在台灣的外國朋友嘗過，大夥都覺得口味比公賣局紹興酒做的冰淇淋好吃。

山葡萄露

至於山葡萄露，是這幾款酒中價錢最高的，因為山葡萄比較稀有。我第一次喝山葡萄露，是在南庄的朋友家，喝的是她母親親手釀製的山葡萄露，和我們一同前去採訪的德國朋友，一直誇讚比德國紅葡萄酒還好喝。

這話並沒說錯，因為德國一向是白酒比紅酒好，不過我喝的當年期的山葡萄露的風味，竟然有點像年輕的波特酒及兩、三年份的薄酒萊，

而且入口的醇厚及酒味的芬芳，並不輸前者。但山葡萄酒並不容易買到，也許正因為量少，釀出來的品質就比較細膩，像我買回來的山葡萄露，每次用日式小清酒杯盛了待客，都讓賓客一陣驚喜。

據說山葡萄有不少稀有的礦物質，一直被原住民朋友視為養生保健的珍貴祕方。我有一個日本朋友，喝過一次後就一直說山葡萄露可以通經活血；如今他每次來台，一定託我替他買兩瓶山葡萄露帶回東京。我私心希望，日本人最好少知道這檔事，免得以後觀光客大幅採購，我們就喝不到精釀的好酒了。

粉紅色的山藥露

山藥露有著奇怪的粉紅色，幾乎像凱蒂貓穿的粉紅色衣裳一樣。我第一次瞧，心裡覺得是很奇怪的人工色，但賣酒的人說，真的是紫色的山藥和白色的山藥混合起來的顏色。但因比例不同，第一次釀出來的粉紅色都有些差異，而我買到的凱蒂貓色只是湊巧罷了。

喝粉紅色的山藥露，口感特別豐腴，應是和山藥食材的黏性有關，山藥酒還有股特別的清香，彷彿杏花的味道。山藥露很美，放在透明的酒杯中，如同春天的櫻花初綻，怎麼看都捨不得和燒烤、紅燒、煎炸的食物一起吃。後來我只用山藥露來配吃日式和果子，淺酌一小杯粉紅酒，再吃上一小塊透明的葛粉沾花生粉、黑糖膏，真是美麗的味覺演出。

還有一次，我把山藥露和抹茶一起做成了清冰，可以叫作宇治山藥冰，一邊是翠綠色，一邊是粉紅色，一邊是茶香，一邊是酒香，真是配得好極了。

偶爾上市場，買回幾瓶酒，就帶給往後的生活許許多多的歡愉，真是只要有心，日子就可以過得十分美好。

口占一詩
憶良露

良夜如此

露水在微光中

如晶瑩碎鑽

在諸神的行列中

酒神走出來

向妳舉杯

淺斟微醺

小酌怡情

痛飲狂歌則是

這偌大的宇宙的浩歎了

夜讀李太白集

想必此刻妳正與謫仙

品酒論飲

人間如此寂寥

太白詩句盡是星辰歷歷

以及衝天酒氣

孤獨在歎息

妳或在嫌李白
哪幾首詩寫壞了
李白會告訴妳
每一個字都是一顆星
都在他胸中發光

是以翻看妳生前寫的酒書
我遂自斟自飲
讀著李白沾滿酒的詩句
人生如朝露
似酒精
一下子就蒸發、揮發了
我彷彿聽見妳 ：
「飲者未必留其名」

啊李白欣然同意妳
唯有作者留其名
花間一壺酒
世間過了百年
天就要亮了
所有露水都是諸神的淚珠

許悔之｜詩人、有鹿文化總編輯

part.3

喝的酒

男人

找同中年酒保要了一杯健力士，因為站的離吧台近，我看著他押下生啤酒的活塞，乳白泡沫慢慢流入透明的玻璃啤酒杯內，漸漸變成褐色的稠狀液體，又慢慢化成黑色帶著微微氣泡的黑啤酒。接過酒杯，我大飲一口，內心忍不住讚嘆著，真是新鮮有勁，口感滑潤，滋味豐富。酒保看著我臉上入迷的表情，也笑了起來，並且伸出手，翹起大姆指，比了個要得的手勢。他大概很少看到東方女子對健力士如此用情吧！

茴香酒
情調

慢慢地啜著茴香酒，久而久之，我就習慣八角的味道，不無自豪於自己又能沉浸在一種當地的生活情調之中。不曉得自己為什麼那麼喜歡在飲食上入境隨俗，也許是潛意識中想當世界公民吧！拿飲食的世界護照，好像是最直接、最容易的方式。

由於彼得‧梅爾（Peter Mayle）寫了《山居歲月》及《茴香酒店》，一般人想到茴香酒，都會想起普羅旺斯，或法國南部的風光。其實，真正的茴香酒風味，可能是阿拉伯人或北非摩爾人的風情。

　　茴香酒，是由大茴香（中國人叫八角）為底的蒸餾酒，在地中海沿岸的北非、希臘、土耳其、以色列、義大利、西班牙、法國，都可以喝到相似的酒。這些地方都曾受過阿拉伯人或北非摩爾人的統治，而大茴香又是阿拉伯人常用的香料。阿拉伯的蒸餾酒「亞拉克酒」（Arack）雖然以葡萄為原料，也帶有大茴香的味道。阿拉伯人是推廣製酒蒸餾器至全世界的民族，其製酒技術，據說師承自西元三千年前的美索不達米亞，經克里特、希臘，再一脈相傳到阿拉伯人手中。而由於阿拉伯人曾創立最早、最廣大的回教帝國，也將製酒蒸餾器流通到北非、南歐與西亞一帶。

　　這些茴香酒或茴香調酒在世界各地，都有不同的名字，在土耳其及克里特島叫「Raki」（拉卡），在希臘叫「Ouzo」（吾索），在義大利叫「Sambuca」（桑布卡），在法國叫「Pastis」（帕斯提司）。雖說口味接近，但這些茴香酒在不同的地區，卻帶給我不同的感受。

　　我在克里特島及希臘旅行時，常常在一些破敗的小酒館及咖啡館，看到一些雙眼陰鬱、臉色困頓的希臘老男人，坐在酒館或咖啡館內外，手中握著一杯已經調好的「吾索酒」。混濁的奶色和老人混濁的眼白顏色相似，老人手中的茴香酒，特別給人一種悲涼的感覺，好像在見證生命無多卻不得不打發日子的無聊似的。

　　我每到異地旅行，一定勇於品嘗當地的食物和酒，吾索當然得喝，我也很喜歡看到把水加入透明如水的吾索酒時，吾索的透明會突然變成乳狀，真是神奇的化學作用。但要我欣賞吾索的味道還真不容易，太濃的八角味，讓我覺得彷彿在喝不鹹的八角滷汁，只想把手中的酒和豆干、海帶、雞翅膀一起滷。

　　但吾索或其他茴香酒，都是很容易上癮的。喝慣的人會變成不可一

日無它，尤其嘴中那股八角的甘甜和奇香味（我覺得像室內芳香劑），會讓有的老人一早起來的第一件事，就是喝杯茴香酒，好鎮壓內心蠢動的慾望。

我常想茴香酒一定有種催情作用，但不是用來對性催情，而是對生命催情，因此老人特別需要茴香酒。在希臘，看老人喝吾索，會覺得有些傷感，但在普羅旺斯，看老人喝「帕斯提司」酒，卻覺得茴香酒很歡樂。

在法國，帕斯提司茴香酒，最流行的有兩個牌子：「佩爾諾」（Pernod）是純茴香酒；「西卡爾」（Ricard）則是以茴香調酒。這兩個牌子已經成了法國茴香酒的代號，在咖啡室沒人會說我要喝帕斯提司的，一定是說佩爾諾或西卡爾。

法國的茴香酒是淡黃色，加入水後也是變成乳色，但不像吾索從水變乳那麼讓我有視覺上的歡喜。但我在法國，卻比較喜歡叫茴香酒，為的不是酒的本身，而是茴香酒所代表的生活氣氛。

在普羅旺斯，打完下午滾球的中老年男人，喜歡到咖啡館去小坐，叫一杯西卡爾（在南部，西卡爾比較受歡迎），因為可以混水喝，不容易飲盡，可以邊喝邊天南地北抬起槓來。

我常常下午在咖啡館寫作，叫的多半是也可以當水喝的「Citron Pressé」（現榨檸檬原汁）。但寫到疲倦時，見到身旁的人喝起茴香酒，有時也忍不住叫上一杯。配茴香酒的水瓶和配檸檬原汁的水瓶不同，配茴香酒的比較高級，水瓶上會有茴香酒廠的標記（大概是酒廠送的）。

慢慢地啜著茴香酒，久而久之，我就習慣八角的味道，不無自豪於自己又能沉浸在一種當地的生活情調之中。不曉得自己為什麼那麼喜歡在飲食上入境隨俗，也許是潛意識中想當世界公民吧！拿飲食的世界護照，好像是最直接、最容易的方式。

在巴黎的咖啡屋中，喝佩爾諾的人比西卡爾多。佩爾諾是比較純的

茴香酒，很會做廣告，讓佩爾諾變得優雅、時髦、高尚，一掃茴香酒是中老年勞工階級的飲品印象。巴黎的上班族，特別喜歡在下班後、晚餐前，到咖啡屋叫杯佩爾諾，但去酒吧的人則叫威士忌居多，也許因為茴香酒太家常，不像酒吧的酒。

比利時的偵探作家喬治・西默農（Georges Simenon），常安排他的主角梅葛雷（Maigret）在值勤時喝茴香酒，據說會讓人精神比較振奮，以免因太疲倦而睡著。我看著疲倦的巴黎人下班後喝茴香酒，就會想到偵探梅葛雷。因為茴香酒也有淡淡的牙膏味，我有個法國女性友人說，茴香酒也有「黃昏的刷牙效果」，因為一般人一天下來，在傍晚時都會有些口臭，喝些茴香酒可以讓口氣芳香，讓待會要約會，又喜歡法國深吻的情人們好過一點。

但對不喜歡茴香味的人怎麼辦？我問朋友。她說，那就不要和法國人談戀愛吧！

冬天的
白蘭地

喝白蘭地時，用的多是圓口大肚杯（也叫氣球杯），要先用雙手的熱氣溫暖酒杯，讓白蘭地酒氣微微上昇，一邊嗅聞白蘭地的香氣，一邊細細品味。喜歡這種喝法的人，形容這是「白蘭地之醉」，不是醉酒的醉，而是沉醉。

不知道為什麼，我對單獨飲用白蘭地一直興趣缺缺，即使是上好的「Extra級」或「XO級」的干邑（Cognac），我都覺得不如單品威士忌。不過，這種口味偏好純屬個人，完全不涉及何酒較優，就像我喜歡茅台遠甚花雕的道理，都是口味作祟，任何酒友都可能跟我正好相反。

然而我喜歡像法國人一般在喝完咖啡、抽雪茄時，來一小杯白蘭地，有時還作興用雪茄小浸白蘭地，等乾了後再點火，讓抽雪茄時有股酒醺味。有一家叫「Hine」的酒廠，就根據這個傳統，做了一款「Cigar Reserve」（雪茄珍藏）的白蘭地。不少雪茄酒吧都喜歡收藏這款酒，以配合客人興起抽這種帶有酒醺味的雪茄。

喝白蘭地時，用的多是圓口大肚杯（也叫氣球杯），要先用雙手的熱氣溫暖酒杯，讓白蘭地酒氣微微上昇，一邊嗅聞白蘭地的香氣，一邊細細品味。喜歡這種喝法的人，形容這是「白蘭地之醉」，不是醉酒的醉，而是沉醉，尤其當白蘭地的香氣衝上鼻端的末梢神經時，會羽化成一縷香魂。

這種喝法，真讓台灣一些拿白蘭地乾杯的人汗顏，如果將白蘭地喻為美人，大口飲盡的人，猶如上床三分鐘就解決的莽夫，而先暖酒後細品者，乃懂得溫存纏綿真意者。

我並不常細品白蘭地，但偶爾會在冬天的晚上，喝飯後咖啡時，加一點白蘭地。咖啡熱氣所薰出的白蘭地香氣，會讓咖啡有種獨特的味道。威士忌也可入咖啡，但以我的經驗，白蘭地加咖啡比較好喝，兩者味道較合。

干邑白蘭地酒的發現（或發明）來自意外。釀造的葡萄酒容易壞，競爭不過波爾多的鄰近酒商（以夏南特河〔Charente〕一帶為主），商人怕滯銷在倉庫中的酒變質，就把剩下的酒煮了（可以殺菌），加以蒸餾後再販售。

據說發明這種方法的是荷蘭人，白蘭地（Brandy）的名稱也是由古荷蘭語「Brandewijn」而來，意思是「煮過的葡萄酒」。這種說法很有

趣，因為荷蘭人一向以節儉小氣出名，怪不得會想到把快酸壞的酒廢物利用來變成白蘭地。

真沒想到，白蘭地的出身竟然如此卑微，但經過蒸餾技術的不斷研究，今日高級的白蘭地當然和當年煮過的酒大不相同。

製造干邑酒時，要將老酒、新酒及原酒混合調製；最重要的是老酒，每家白蘭地酒廠，都會有密藏的老酒倉庫，酒齡多少都是各家保密重點。這點很像中國人做滷味或肉燥，原汁的年份最重要。

干邑白蘭地酒口味十分優雅細緻，香氣濃郁，有人形容像是高雅的貴婦，越與之親近越有味道。干邑的等級從最高的Extra、XO、VSOP直到三星級不等，在台灣流行的白蘭地多半是XO及VSOP級別。較有名的酒廠有馬爹利（Martell）、豪達（Otard）等。

和干邑細膩的口味有所不同的是雅文邑（Armagnac），後者在台灣較不為人所知。雅文邑的口味較粗獷樸實，因為只蒸餾一次，而且蒸餾的度數低，因此酒中含有較多殘留。

雅文邑（也是地區名）一帶，靠近法國西南部的美食聖地佩希高（Périgord），當地盛產鵝肝、松露，我在一間小餐館中，吃了用雅文邑白蘭地煎出來的新鮮鵝肝，滋味十分鮮美。

渣釀白蘭地

干邑及雅文邑都是葡萄做成的白蘭地，法國還有另一款白蘭地，是用葡萄殘渣做的，全名是「Eau-de-Vie de Marc」（渣釀白蘭地），也可簡稱為「Marc」（音「馬爾」，意即為渣滓）。

渣釀白蘭地的產地自然都是酒鄉，利用做葡萄酒所剩餘的渣滓廢物，比較有名的有布根地區、香檳區、阿爾薩斯區的產品。其是標準的農人酒，口味濃烈，但宿醉時會留下難聞的味道。在法國南部，渣釀白蘭地是僅次於茴香酒的大眾酒。我為了好奇，喝過一次渣釀，但實在不

太能接受那種辛辣的味道，有點像喝了劣質的高粱一樣。

比較起來，義大利人做的葡萄渣釀白蘭地（Grappa）就比較可口。這種酒在許多義大利餐廳都有販售，原因是義大利人喜歡把它當成消化酒，在吃多了通心麵及起司而飽脹時，喝上一小杯Grappa，肚子馬上舒服，又可以開懷大吃第二攤了。

義大利「Jacopo Poli」這個廠的渣釀白蘭地，很高級，我尤其喜歡酒瓶，都設計成像煉金術士的器皿（像現代化學的燒杯）。完全透明的酒器，配上比水還純淨的透明色渣釀酒液，真是美極了，像液體的水晶一樣熠熠生輝。

水果白蘭地

除了葡萄外，還有很多水果可以做成白蘭地，最有名的大概就是在德、奧、瑞、東歐一帶流行的櫻桃白蘭地（Kirsch）。

我第一次喝櫻桃白蘭地，是二十多年前在台北南京東路上的瑞華餐廳。那時並不知道此酒是什麼，看到菜單上有，就叫來試試。一小杯透明無色的酒，有強烈的櫻桃味，初喝並不容易上口。後來我到匈牙利旅行，當地也生產不少櫻桃白蘭地。在布達佩斯的咖啡館，常常有人點咖啡時會順便叫杯櫻桃白蘭地。我就看到一些人會先喝掉半杯酒，剩餘的再倒入咖啡中，我也依照這方法試試，發現加了櫻桃白蘭地的咖啡十分好喝。

在瑞士旅行時，迷上吃乳酪火鍋（Fondue），查看食譜，才知道乳酪火鍋中飄浮的酒香味，也是來自櫻桃白蘭地；又有酒香，又可幫助消化，一舉兩得。

法國的諾曼地料理中，蘋果白蘭地（Calvados）也常常入菜，像有名的卡恩式牛羊豬肚即是。蘋果白蘭地是用蘋果酒（Cider）再次蒸餾做成，有簡單的蘋果白蘭地，也有陳年的蘋果白蘭地，有的年份高達

四十年。

　　諾曼地有一句俗話，說明蘋果白蘭地的妙用，就是「Trou Normand」（諾曼地的洞穴）；意思是在吃飯中途如果太撐了，喝杯蘋果白蘭地，你的胃馬上就會打開另一處洞穴，又可以繼續塞食物。

　　除了櫻桃、蘋果白蘭地外，還有不少水果也可以做成白蘭地，像東歐、奧地利一帶的黑醋栗白蘭地，美國也有桃子白蘭地，都是以蒸餾的方式來萃取的水果酒。

　　回台灣後，有一回和朋友到她的老家南庄遊玩，巧遇她家至交，一位七十多歲的老果農，有一片著名的三灣梨果園。他提起自己會用梨子做酒，我還以為是做一般的水果酒，沒想到他拿來的酒竟然是梨子白蘭地。這位果農並不知道他的酒可以叫白蘭地，我詢問了他造酒的方法，果然是使用和義大利、東歐農夫相似的雙口蒸餾機來做酒，其造出的酒透明如水，酒精濃度高達百分之五十。

　　我喝了一杯老農夫的梨子白蘭地，大吃一驚，味道太好了，不輸我在義大利喝的渣釀白蘭地。老農夫看我識貨，又回家拿來陳年的梨子白蘭地（十年份），口感更醇厚。

　　我從沒想到在鄉下地方會偶遇這樣的好酒，我問老農何以故，他說自己本來就愛酒，這些酒是為自己精心釀造，一年不過得數十瓶產量，哪裡會不好做呢？此話一講，讓我想到一句老話，好吃不過家廚，原來，好酒也不過私酒。

　　我突然興起想在台灣鄉下擁有一片小果園或小葡萄園的夢想，讓自己從栽種開始，釀造自己的酒。我的私酒夢或許終能完成。

純麥
威士忌語言

純麥芽威士忌酒必須單獨品嘗，最好不要加冰塊。飲時，我最喜歡
用的是小水晶杯，剛好握在掌心中，讓掌心的暖氣逐漸溫熱琥珀色
的金液，讓麥芽香氣慢慢上昇，那股香味嗅入鼻端，會化成千縷萬
絲的誘惑分子化合物迴盪在鼻心。

第一次到倫敦時，還是一九八○年代初期，當時的台灣沒有洋酒專賣店，百貨公司裡也沒有洋酒專櫃，買洋酒要到公賣局或舶來品店去買。

那時台灣最流行的酒，就是白蘭地，尤其是「XO」及「VSOP」，被認為是酒中珍品，送禮、行賄、上酒家、朋友飲宴，喝的都是白蘭地。被西方人士當成飯後坐進雪茄室慢慢品嘗的白蘭地，在台灣卻用來大口大口乾杯，有位不幸早逝的古大俠，據說就有和友人一夜喝掉數十瓶的「豪舉」。在外國，白蘭地一向是救命的酒，在很多書中都曾寫到有人昏倒了就立即讓他喝一小口白蘭地，但豪飲白蘭地卻把救命酒變成了致命酒。

在倫敦的塞佛吉（Selfridges）百貨公司，使我大開眼界的不是白蘭地，雖然那裡的白蘭地品類也夠多，也不是日後紅遍台灣如葡式蛋塔的紅酒（果然如今熱潮又退了），而是三百多種的威士忌酒。

不知道為什麼，自我初識威士忌及白蘭地以來，我就愛威士忌的味道，遠勝過白蘭地。但去倫敦前，我的威士忌經驗僅止於幾個名牌，如較高級的百齡罈（Ballantines；三十年份），以及一般人較常知道的約翰走路（Johnnie Walker；黑牌、藍牌）、格蘭（Grants）、J&B、教師牌（Teacher's）、白馬（White Horse）、貝爾（Bell's）與起瓦士（Chivas Regal）等。

當時，我已經知道威士忌有兩種拼法，英國人的叫「Scotch Whisky」或簡稱「Scotch」，而愛爾蘭人及美國人則稱「Whiskey」（美國人是受愛爾蘭移民的影響）。由於早年看多了美國偵探小說，書中的偵探常常會喝一些美國威士忌，如波本威士忌（Bourbon Whiskey）*、裸麥威士忌（Rye Whiskey）*，品牌則有傑克丹尼爾（Jack Daniel's）、野火雞（Wild Turkey）、沃克（Walker's）等。這些牌子的威士忌對我都有一種感官的刺激，但當我一試過它們的味道後，只好承認自己愛這些酒名（因為小說的緣故），但並不欣賞美國威士忌的口味。

在威士忌口味上，我是崇英派的。沒到倫敦前，我並不知道，自己愛喝的各式威士忌其實只是英國威士忌的一派，屬於「調合威士忌」（Blended），即用燕麥、大麥、裸麥等各種麥子混合做出來的混合麥威士忌。

美加威士忌

至於美國威士忌，有所謂的波本威士忌（如金賓〔Jim Beam〕、老泰勒〔Old Taylor〕），還有以玉米為主（百分之五十一以上的玉米）釀造的玉米威士忌（Corn Whiskey）及有名的傑克丹尼爾的田納西威士忌（也是波本威士忌的一種）。

而愛爾蘭，雖然是世界上最早製造威士忌的地方，但今日風采卻落在蘇格蘭之後；我最愛喝的愛爾蘭威士忌，是加在愛爾蘭咖啡中。

加拿大威士忌（Canadian Whisky）則在美國實施禁酒令時大展鴻圖，口味清淡，很適合調配像威士忌酸酒（Whiskey Sour）這類的雞尾酒。而每次看到村上春樹在文章中寫及的威士忌要不是蘇格蘭的，就是田納西的或肯達基的，就覺得自己不必去喝日本威士忌了。但我常常在台灣及日本的日本料理餐廳，發現客人寄存的酒中以白馬牌威士忌最多，不知是什麼道理？最適合日本料理口味嗎？

純麥芽威士忌

有一次在塞佛吉百貨公司逛酒庫，看得我目眩心搖。當時他們正在辦「Single Malt」（純麥芽）的威士忌促銷會，負責解說的蘇格蘭男士告訴我，他們估計高級的純麥芽威士忌酒的價錢，在一九九〇年代初期將會大幅躍升，而且會逐漸超過高級白蘭地，這時買一些有年份的陳年威士忌，將會是很好的收藏。

我並未因此而收藏陳年純麥芽威士忌酒（雖然他的預測事後證明完全正確），卻在對方推薦下，買下如今在台灣也很流行的格蘭菲迪威士忌（Glenfiddich）。那是我第一次喝純麥芽威士忌酒，立即迷上它純淨、忠實、簡單卻又豐富無比的口味。

　　幾年之後，我搬去倫敦，住處離塞佛吉百貨公司不遠，常常去那兒的美食超市買菜，當然也常到酒窖選酒。除了購買紅白葡萄酒及啤酒外，只要有空，我都會和那裡的銷售員談談他們相當引以為豪的純麥芽威士忌酒的收藏。

　　英國知名的酒窖，如奧德賓斯（Oddbins）、菲利普（Phillip）、塞佛吉、哈洛德（Harrods）等，其雇用的銷售人員一定是酒類專家，可以回答客人任何的問題，就像酒窖裡的活百科。酒窖也常常會舉辦一些試飲會，讓酒客增進知識也增加情趣。

　　純麥芽威士忌酒必須單獨品嘗，最好不要加冰塊，通常加冰塊或蒸餾水的是混合威士忌（波本威士忌較適合加水或冰塊）。品嘗時，我最喜歡用的是小水晶杯，剛好握在掌心中，讓掌心的暖氣逐漸溫熱琥珀色的金液，讓麥芽香氣慢慢上昇，那股香味嗅入鼻端，會化成千縷萬絲的誘惑分子化合物迴盪在鼻心。

　　時常去塞佛吉百貨公司，所以慢慢地在銷售人員引導之下，開始走進純麥芽威士忌酒的世界。有一次和他們聊天，談起多年前在這裡買下的第一瓶格蘭菲迪當成入門酒，才知道這是標準的推介法，因為該酒款的泥炭味較弱，口味比較清淡，較適合新手上路，但對老手卻不夠勁。由淡轉濃較好，因為有的新手第一次就喝到泥炭味很重的純麥芽威士忌酒，可能會適應不良，從此就對它沒好感了。

　　當時純麥芽威士忌酒的價錢正逐漸上升，我想到前幾年銷售人員的預測，果真應驗了。我向銷售人員打聽價錢上漲的原因，他們說該酒種本來就被低估，因為大部分出產純麥芽威士忌酒的酒廠都很小，在蘇格蘭就有上百家，這些小酒廠付不出錢做廣告行銷，自然不能像法國名家

白蘭地大廠那樣標上高價。再加上純麥芽威士忌酒說似簡單，其實口味最複雜，一百家蒸餾酒廠就可以做出一百種以上的味道，不稍有涉獵，根本難入堂奧。

因此，純麥芽威士忌酒在英國除了被認為是紳士的酒外，還被當成品酒專家的酒。但是——這世界上有一種民族，最尊崇專家，又有錢買高級貨——自從日本人開始發現純麥芽威士忌酒的價值後，其價錢就水漲船高。

蘇格蘭的威士忌

我的律師朋友史考特是蘇格蘭人，也是純麥芽威士忌酒的擁護者。每次我去他位於倫敦霍本區內的辦公室談完事，他一定會從桃花心木的辦公桌下拿出一瓶他最愛的格蘭傑（Glenmorangie）和拉弗格（Laphroaig），這是在蘇格蘭當地銷售最好的純麥芽威士忌酒，口味較重，有種泥炭的煙味。史考特說，這種酒總讓他想到蘇格蘭老家的天氣和風土；他讀初中時，學校附近有家蒸餾酒廠，常常飄出泥煤煮麥芽的味道，讓這些學生的鼻子先染上了酒癮。

史考特一直憂心純麥芽威士忌酒越來越值錢，身為高所得的律師，他不會買不起，而是他總有先見之明，看到一個行業開始有利可圖後，便會有許多不見得熱愛這個行業的外人，尤其是一些國際財團的大酒廠，可能會開始收購小酒廠，接著生產品質穩定，但口味一致化的單品麥芽酒。

那年冬天，本來就預計要去愛丁堡及蘇格蘭高地旅行，史考特建議我在行程中加入參觀純麥芽威士忌酒的小型蒸餾酒廠，他建議了達夫鎮（Dufftown）及艾雷島（Islay）。

為了威士忌，我去到一般旅人不會一遊的印弗內斯（Inverness），這是蘇格蘭北方最大的城市，鄰近的斯佩河谷（Spey Valley）一帶，有

很多威士忌酒廠，達夫小鎮的鎮民幾乎都是以生產威士忌酒為生。走在小鎮上，空氣中飄散的都是泥炭味、麥芽味和冷冽的冬風味。當地觀光局還把這一帶稱為威士忌小徑（Whisky Trail）。

有許多小酒廠還保持著三代傳承的小小家庭工坊的型態，只有在酒事忙時，才請工人幫忙。我看著這些酒廠，知道史考特的憂心是有道理的。財團想收購這類酒坊是易如反掌之事，只要哪家少爺想當白領雅痞，不想在酒廠中忙就成了。

果然，我的律師朋友又不幸言中，一九九〇年代中期後，蘇格蘭許多蒸餾小酒廠被收購、合併，剩下的獨立小廠生意越來越難做，即使純麥芽威士忌酒越來越受歡迎，價錢也看漲，但他們在大酒廠夾殺下，材料費、人工費、燃料費、行銷費都在上漲，幾乎難以為繼。

一些獨特的純麥芽威士忌酒風味，就這樣消失了……就像有些獨特的物種、語言，都在世界全球化、統一化的走向下絕跡一般。大者恆大，小者恆小乃至於無，似乎是殘酷卻有力的生存準則，但生命之美本來就是要對抗殘酷及功利的價值。懂得純麥芽威士忌酒的人，珍惜的就是那種忠於原味、看似簡單、卻絕不平凡的生命品味；從最微細之處，體驗最細微的感官與心靈的變化。

早年台北流行喝白蘭地，像有名的武俠小說作者古龍下葬時的陪葬品就是白蘭地。後來因白蘭地太補了，又是釀造酒，很多飲宴中人就改成喝威士忌。而威士忌喝久了，許多人的口味就刁了，也開始喝起純麥芽威士忌。

回國這幾年，發現台北也開始有些酒吧以專攻純麥芽威士忌著稱，像位於仁愛路四段巷中的「MOD」和信義路二段巷內的「官邸」，以及位於威斯汀飯店三樓的「邱吉爾酒吧」都是。有一夜在邱吉爾酒吧喝十八年份的格蘭傑，抽著菸斗，一時之間，覺得自己都變成了喬治桑，只是環顧室內，卻不見蕭邦。

上酒吧喝威士忌畢竟偶一為之，我最常喝威士忌的地方，是在我位

於關渡的書房。在我的書桌、書架上放了幾瓶上好的收藏級的麥卡倫（Macallan），專供我寫作小歇時啜飲之用。

　　每次寫作完喝上幾口麥卡倫，十八年的純麥芽威士忌，就覺得寫作真好，有一種手工的樂趣，就像上好的純麥芽威士忌追求的也是手藝人講究的精神。好酒要忠於原味，寫作也該忠於原味。

· 波本威士忌（Bourbon Whiskey），美國威士忌裡的一種，使用比例占總原料51%到80%的玉米作為原料，使用炙烤過新橡木桶陳放，酒體成琥珀色，口感更甜厚重些。波本威士忌之名源自於美國肯塔基州波本郡（Bourbon County），1964年時，美國國會通過立法制定波本威士忌的製造標準，規定只有在美國境內製造的此類威士忌才有資格冠上「波本威士忌」之名。

· 裸麥威士忌（Rye Whiskey），發源於美國東北部，從18世紀始在美國蓬勃發展，其特色為一是須以51%以上的裸麥為原料釀造，二是在炙烤過新橡木桶裡陳放至少兩年。所以裸麥威士忌風味相對強烈，酒精濃度高，喝起來嗆辣、純粹、風味直接，是非常Man的酒款。

一起微醺

都柏林
健力士的苦味

傑克提過一個小心得，在點用健力士時，不能找太年輕的酒保，因為年輕人多半急躁，不會好好等健力士的泡沫流到一定的程度；最好是流到半杯的分量，此刻拿起時，泡沫才不會太多，但又會有足夠潤滑的口感。

我在倫敦有個愛爾蘭籍好友傑克，知道我要上都柏林（Dublin），就認真地幫我介紹朋友，其中有幾家酒館他說都是他朋友開的，要我務必去拜訪。他說，都柏林的酒館和英國的酒館可是大大不同。我回說，我知道倫敦也有愛爾蘭酒館，主要在基爾伯恩區（Kilburn），氣氛一定比一般英國酒館熱鬧；紅髮的居爾特後代愛爾蘭人，講話較大聲，手勢也較大，也較愛唱歌。常常酒館中就會有人唱起愛爾蘭民謠，馬上又是一大群跟著唱和。

　　傑克說我或許知道倫敦的愛爾蘭酒館，那裡也有最新鮮的健力士（Guinness）黑啤酒，但還是不知道都柏林的愛爾蘭酒館的不同之處，那是在於每晚酒店法定關門時間（像英國一樣是十一點）之後，酒館老闆會拉下門並鎖好，但是酒店裡照常做生意，客人都從邊門進出，沒什麼「Last Order」（點最後一次酒）這回事。

　　我問說警察不管嗎？傑克搖頭。他說，警察有時換了便裝，也到酒館喝酒，警民一家親。我笑說，愛爾蘭人很像台灣人，台灣從前有夜禁時，商家也是拉下門照做生意，警察來店一樣受歡迎，而且吃喝後不用付費。傑克說，在愛爾蘭也一樣，警察也可以白吃白喝，老闆一定請客。

　　英國酒館十一點打烊的場景是十分有趣的：通常打烊前十五分鐘，會有最後叫酒的搖鈴時間，不少沒喝夠的客人，往往在那段時間內連叫好幾杯急急入口，搞到不少人因此更容易入醉。但奇怪的是，不管喝醉或清醒，只要十一點一到，酒客大都乖乖離去，很少人會不甘心逗留糾纏的，這讓我一直奇怪怎麼連酒醉的英國人還是如此守法？

　　但這些乖乖離開、不在酒館中作怪的酒客，卻往往一出酒店就大吵大鬧，搞得整條街上的住家都推開窗子罵人，但醉酒客還是藉酒發瘋。可是，剛剛他們離開酒店時明明像綿羊一樣乖巧啊！我請教過我的倫敦酒館通艾珊瑞克，他說，在酒客心目中，酒保是很值得尊敬的人，不能得罪，一旦鬧事後，他們就別想再進這家酒館了。

我問傑克，都柏林的酒館中，客人會不會鬧事？我可不想除了擔心恐怖分子丟炸彈外（機率不高），還要小心酒館丟酒瓶（機率可能較高）。傑克也許為了護鄉愛民，拍胸脯保證愛爾蘭人酒後不鬧事；他說愛爾蘭人不壓抑，原本講話就大聲的人，酒後可能更大聲，猛一聽也許以為在吵架，再加上手勢橫飛，更以為是幹架，但其實不是，只是酒友在表達熱情罷了！

帶著傑克的酒館及諸親友名單，我到了都柏林。我很喜歡這個城市，青少年時看詹姆斯·喬艾斯（James Joyce）的《藝術家青年的寫照》、《都柏林人》，長大後再看的《尤利西斯》，以及翻了幾頁但一直沒看下去的《芬尼根後事》，我心中的都柏林是喬艾斯的都柏林，一個因藝術而永恆的城市。喬艾斯把都柏林從地理上的某個城市，提昇到了神話的地位。

傑克介紹的酒館，有一家就在史蒂芬街上，離我下榻的旅館不遠。抵達都柏林的第一夜，我就去拜訪傑克提到的老友詹姆斯，但傑克可能消息不靈通，中年酒保告訴我詹姆斯早就退休了，回到愛爾蘭西南部的庫克省（Cork）去頤養天年。

健力士先苦後甘

既來之，則安之。我向中年酒保要了一杯健力士，因為站的離吧台近，我看著他押下生啤酒的活塞，乳白泡沫慢慢流入透明的玻璃啤酒杯內，漸漸變成褐色的稠狀液體，又慢慢化成黑色帶著微微氣泡的黑啤酒。

接過酒杯，我大飲一口，內心忍不住讚嘆著，真是新鮮有勁，口感滑潤，滋味豐富。酒保看著我臉上入迷的表情，也笑了起來，並且伸出手，翹起大姆指，比了個要得的手勢。他大概很少看到東方女子對健力士如此用情吧！

我一向很喜歡黑啤酒，主要因為黑啤酒有一種豐富的苦味。純正的苦味會有很神祕的感官變化，舌頭先覺得苦，但隨後又變成甘甜，這種由苦入甜，正是許多人嗜苦的原因。與之相反的，不純正的甜味，例如糖精、味精，會從甜變苦，而且是很不愉快的苦澀之感。

我從未把健力士生啤和義大利的濃縮咖啡（Espresso）聯想在一起，在都柏林的那一天，卻發現兩者有不少相似之處。例如兩者都很重視原料的新鮮度。傑克以前常對我說愛爾蘭的健力士比倫敦的好喝，我總認為這是大愛爾蘭情結造成的偏見，但來到都柏林後，才發現傑克說得沒錯，就像Espresso也是藝大利的口味最純正，這和原料的取得大有關係。

此外，傑克提過一個小心得，在點用健力士時，不能找太年輕的酒保，因為年輕人多半急躁，不會好好等健力士的泡沫流到一定的程度；最好是流到半杯的分量，此刻拿起時，泡沫才不會太多，但又會有足夠潤滑的口感。這等功夫，也很像用強勁蒸汽壓出的Espresso一樣，也都是從白色、褐色的泡沫轉變成近乎黑色的咖啡原汁。而Espresso，也是有點年紀又沉穩的吧台人做得較好。

健力士和Espresso都很講究那一層白帽子，即杯口那厚厚一層的奶泡（Cream），看奶泡好不好，是辨別這兩者做得好不好的重要條件。

健力士和Espresso都是以苦見長的滋味，兩者的苦都令人回味無窮。就像有些成功人士，最喜歡回憶的就是童年成長的艱苦。在吃完苦中苦之後，回憶中的苦已經轉化成生命的甜美了。健力士和Espresso應該聯合做一個廣告，用「吃得苦中苦，方為人上人」來述說人生的滋味！

比利時
啤酒狂

比利時人不僅啤酒喝得多，他們的啤酒種類也多，從沒有人說得出
比利時到底有幾種啤酒，數目字永遠在增加當中，至少有五百多種
以上。就跟法國人的起司一樣，比利時的啤酒也以個性化、風格化
而聞名。密特朗曾說過，一個有幾百種起司的國家，是很難管理
的。而一個有幾百種啤酒的國家，一定更難管理。

在倫敦看過一部比利時電影叫《人咬狗》（Man Bites Dog），就像中國的俗語——狗咬人不稀奇，人咬狗才見怪。這部電影真是讓我大吃一驚，是我當年看過的最恐怖驚駭的電影。電影的拍法並不聳動或故作嚇人狀，而是用極端冷靜的半紀錄片方式，拍攝幾個比利時人隨意在街上冷血地殺害陌生人的過程。

這部電影還好是比利時人自己拍的，沒有侮辱他國人的意思，有些人或許還是會認為這種電影的確有辱國體，不過，站在藝術家表達的自由及真實而言，這部電影的確抓住了比利時文化中一些潛藏的壓抑、荒謬、瘋狂、神經、古怪。

比利時人是很奇怪的一種稱呼，因為在歷史上，根本沒有比利時人這種民族，這是近代政治體生產出來的人，硬把北方的弗萊姆人（Fleming）和南方的瓦隆人（Walloon）這兩種個性對比的民族湊在一起。

比利時雖小，但全國餐廳的數目以人口比例來算，是歐洲第一。在布魯塞爾（Brussels）市中心有一條叫樂食街的小道，兩旁都是各式各樣的美食餐館，我曾在那裡吃過極美味的白酒貽貝、綠醬汁鰻魚，以及白啤酒煮牛肉。

比利時人在歐洲也以開車不守規矩聞名。有人說，那是因為比利時人喝了太多啤酒所造成的。比利時的啤酒消耗量，平均每人每年要喝掉一百八十瓶大瓶啤酒，居世界第一。喝這麼多啤酒的駕駛，怎麼開車呢？

多如繁星的比利時啤酒

比利時人不僅啤酒喝得多，他們的啤酒種類也多，從沒有人說得出比利時到底有幾種啤酒，數目字永遠在增加當中，至少有五百多種以上。就跟法國人的起司一樣，比利時的啤酒也以個性化、風格化而聞

名。密特朗（法國前總統）曾說過，一個有幾百種起司的國家，是很難管理的。而一個有幾百種啤酒的國家，一定更難管理。但現在EC（歐洲經濟共同體；歐盟前身）卻把總部設在布魯塞爾，怪不得把歐元管得一塌糊塗，管不到兩年，歐元就跌了三成。

我第一次到布魯塞爾時，一進啤酒館，就被其種類繁複的啤酒搞得眼花撩亂，心想如果一天只喝一種，恐怕要一整年才品嘗得完。

比利時啤酒館的啤酒，最特殊的在於他們除了有一些德國、英國、美國、愛爾蘭、丹麥等啤酒外，還有他國不易看到的啤酒類型。例如白啤酒、紅啤酒、褐啤酒、克立克啤酒（Kriek）、蘭比克啤酒（Lambic）、古茲啤酒（Gueuze）、櫻桃啤酒、修道院啤酒（Trappist beer、Abbey beer）等等不一而足。

我在比利時旅遊時，天天嘗飲不同風味的啤酒，特別喜歡口味特殊的發酵啤酒「蘭比克」。這種啤酒的釀製，採自然發酵法，不用人工酵母，而是利用空氣中的微生物，據說是學自美索不達米亞的蘇美人的作法。

比利時釀製啤酒的歷史很久，從羅馬帝國時代就開始了，原因是塞翁失馬，因為比利時的土壤不適合生產葡萄酒及蜂蜜酒，因此改種大麥以製造啤酒。

比利時迄今仍保有許多古法及手工製造啤酒的傳統，像紅、白、褐啤酒，都是用古法製造的。紅啤酒和褐啤酒內有很濃的酵母酸味；白啤酒則是使用小麥為原料，有獨特的麥芽味。

花樣百出的啤酒名

離開比利時之後，還是很懷念這些風味不一的啤酒。好在定居於倫敦後，發現英國人除了鍾情於自己的麥酒外，也逐漸懂得欣賞比利時風味。某些啤酒館也開始會販賣一些比利時啤酒，雖然種類都不多，至少

可以一解相思之苦。

住家旁有間名為「國王的武士酒館」，就供應一些比利時啤酒，我最喜歡幾款水果風味的，如櫻桃啤酒、黑醋栗啤酒。我常常挑人少的冬日下午，坐在酒館的沙龍中，圍著火爐邊的安適椅坐著，一面看小說，一面暢飲冰涼、口味醇美的櫻桃、黑醋栗啤酒。

前些日子，我在台北東區的好樣餐館，及安和路小巷中的Watershed酒吧，也發現他們有賣這兩款啤酒，介紹給不少友人，許多人也立即愛上了那種細緻豐富的味覺。

有一次應邀到喜愛請人吃飯、也做得一手好菜的前台大經濟系教授林向愷家中吃飯。在他家吃飯很好玩，飯桌就擺在大廚房中，他一邊做菜一邊上菜，絕不耽擱火候。除了飯菜好外，我還稀奇地發現，他家備有不少稀奇古怪的比利時啤酒。他告訴我，有個住在高雄的比利時佬，自己進口比利時啤酒做批發，他每個月向這個小酒商進一次貨。

那一天，我們喝了好多不同牌子的比利時啤酒，其中有一款叫「Stella Artois」（時代啤酒），令我想起了在倫敦看過的一則有趣廣告。

廣告內容為比利時北部一位長相像耶穌的人，身穿白袍，一臉鬍鬚，行走在荒野上，遇到了一位挑柴的老人，立即上前去幫他挑柴回家，又遇到一位水急不敢過河的懷孕婦人，他也揹著她過河，再遇到一匹農人的馬，生氣不耕田，他又幫忙制伏了馬並幫農夫犁田……這個樂於助人的好人，獲得大家衷心的感謝。

後來這位荒野旅人獨自來到了一處酒棧，遇到剛剛他相助的幾位陌生人，他們都爭著要請他喝杯酒，但是當酒店老闆娘問他要喝什麼酒，他點了Stella Artois後，所有剛剛才說要請客的村人都藉故溜走了。

這則廣告很好笑，一則諷刺比利時弗萊姆人有名的小氣（這是很典型的種族笑話），另外則是點明Stella Artois是以高售價的方式，來行銷這款珍貴的比利時啤酒。

那天晚上，好客的林向愷教授卻請了幾位與他並不相熟的人大喝比利時啤酒，花費不貲。

比利時啤酒的酒名常常取得很神經，正可顯示比利時人的黑色幽默。像有款啤酒就叫作「精神錯亂」（Delirium），商標上還畫有粉紅色的大象，據說酒精中毒的人很容易在幻覺中看到粉紅色的大象。這種酒名也敢拿來賣酒。這不稀奇，還有叫「猝死」（Mort-Subite）、「斷頭台」（La Guillotine）的啤酒。

倫敦有一間著名的比利時餐館「Belgo」，專賣比利時淡菜、炸薯條沾美乃滋及比利時肉腸，整間餐館設計得像修道院裡的酒窖，侍者也都穿著中世紀修會的戴帽聖服，那裡也賣比利時聞名的修道院啤酒和其他手工啤酒。

我最喜歡向這些打扮成修士的侍者點一款我很喜歡的比利時啤酒，叫「Duvel」（撒旦）。

· 修道院啤酒，指的是Trappist Beer和Abbey Beer，兩者最大的差別，就是Trappist Beer是經過嚴格認證制度。1997年，六家比利時（Orval、Chimay、Westvleteren、Rochefort、Westmalle、Achel）、一家荷蘭（Koningshoeven，也就是La Trappe），以及一家德國（Mariawald），共八家修道院，組成國際修道院協會（ITA，International Trappist Association）。ITA認證的「Trappist Beer」規定這些啤酒一定要在修道院院內或附近製造，生產方式由僧侶親自釀造或在其監督下完成。而賣酒收益，則作為修道院僧侶們的生活補貼，剩餘的錢須捐助慈善機構與幫助有需要的人。Trappist Beer的味道豐潤、厚實，酒精濃度也偏高，帶有獨特而鮮明的風味。

「Abbey Beer」，則是由修道院授權給其他釀酒廠所釀製的啤酒，或是某家酒廠仿造某家修道院啤酒配方所釀的啤酒，如Leffe、Tongerlo、Maredsous等。

Campari

彌撒酒
的清晨

上午九點,酒吧裡賣著一些切成小方塊的三明治,但大部分的人都在喝「金百利」(Campari)。金百利是由苦艾酒(Absinthe)調配而成的,帶著苦苦甜甜的味道,很合愛苦味的義大利佬。

據說治療宿醉最好的方法，是在頭痛欲裂的第二天早上，再喝一小杯酒，這個辦法叫以毒攻毒，讓體內不安分的酒蟲，一時之間又全副武裝起來。而酒蟲一動，頭痛也就忘了。

我不知道這個方法是否真的有效，或只是有酒癮的人所編造的藉口，藉口治療，其實只為滿足酒蟲。

一般而言，在午間吃飯前就喝酒的人，一向有很大的嫌疑被當成酒鬼。而在嚴謹的清教徒國家，在晚餐前喝酒，已經會被認為是隱藏性的酒鬼候選人了。因此有些人會藉著觀察法官、律師或會計師等人是否在午餐喝酒；如果喝，可信度也許就降低幾分了。

西方天主教國家對飲酒一向較為寬容，許多人，尤其是拉丁老人，不少都有在早餐喝小酒的習慣。也許因為這些拉丁老人大都無所事事，一大早就泡在咖啡館，拿紅酒或甜酒當早餐。我在普羅旺斯旅行時，就常常看到這樣的老人，有不少人都有紅通通的酒糟鼻子。

上午我通常不喝酒，除了旅行時，偶爾會忍不住入境隨俗。有一次，我旅行到義大利北部的帕多瓦（Padova），參觀他們聞名的大市場時，看到高聳美麗的拱廊旁有一間一間的美食商店，有的商店專賣聞名於世的帕爾瑪火腿，像極了南京火腿，只不過義大利人是吃生的；有的賣各種起司，一整間小店散發著濃郁的味道……我一間一間逛，來到了一家早晨營業的小酒吧。

這時是上午九點，酒吧裡賣著一些切成小方塊的三明治，但大部分的人都在喝「金百利」*（Campari）。金百利是由苦艾酒調配而成的，帶著苦苦甜甜的味道，很合愛苦味的義大利佬。義大利人這點很像中國人，他們所喜歡的朝鮮薊、義式咖啡和苦艾酒，都以苦味迷人。

金百利有著性感的紅色，紅得十分透明，像年輕女孩的初經。有各種喝法，有的喜歡加冰塊純飲，有的會加橘子汁、氣泡礦泉水或七喜氣水。

小酒吧裡擠滿了人，大部分都是老年人，人人手上都有一杯金百

利，我一看十分心動，就立即衝上吧台，也點了一杯。目的倒不全是為了酒，而是為了那種在清晨就可不顧一切醺醺然的姿態，大概只有老人及無所事事的旅人才可以吧！

我看過清晨喝酒最快樂的老人是在葡萄牙的里斯本。當地老人喜歡在早晨時聚集在小咖啡館，喝一小杯波特酒（Porto）充當早餐。當我在一旁啜飲當地的濃咖啡（Bita）配葡式蛋塔時，老人也小心地啜飲著清晨的甘露，萬分珍惜地，絕不一口乾盡。

有一次我尾隨一個喝完早晨彌撒酒的老人散步，他一路哼歌，葡萄牙的「法朵」（Fado，葡萄牙傳統歌謠類型）民謠有一種悲涼的調子，但老人哼來卻很自得其樂，一點也不悲苦。我跟著老人一路走到里斯本的吉普賽人區，位於小山丘上的阿爾法瑪（Alfama），老人在小公園停下腳步，加入一群正在下棋的老人，在那一刹那，我覺得自己突然回到了童年時光，兒時從新北投山上跟隨外公下山，也跟著他一路到新北投公園，看老人在清晨喝茶、下棋、開講，悠悠歲月三十年，兒時情景竟在異國重現。

我自己盡興地用美酒度過清晨彌撒的經驗有兩次，都是在旅途上。一次是在洛杉磯的巴薩迪納（Pasadena），當地有家棕櫚餐館，是好萊塢明星凱文・科斯納（Kevin Costner）所投資開設。在周日上午該餐廳會舉辦一場香檳早午餐（Champagne Brunch），還有一個唱福音歌的黑人靈魂樂團現場演唱，顧客一邊喝著加了新鮮橘子汁的香檳，吃著美國南方炸雞，一邊聽著黑人女高音雄厚的嗓子狂野地唱著「帶領我等子民穿越死蔭幽谷」，整個樂團的人都搖擺著身子，有的客人也拿著香檳杯起身扭動身子。這真是一場周日早晨的彌撒，不知上帝是否歡喜？

另一次是在雪梨，朋友帶我們去獵人谷（Hunter Valley）酒區飲酒。那是個陽光明媚、秋風送爽的星期天上午，我們到了獵人谷一帶，看到不少酒莊中坐滿了喝酒的澳洲人，原來澳洲人流行星期天上午喝酒。

酒莊人太多了，朋友在一處酒莊買了三份野餐盒和白葡萄酒，帶我們找到一處僻靜的山谷牧草地野餐。那個上午，我們一邊吃著黑麵包、起司、火腿、蘋果，一邊喝完四瓶獵人谷的夏多內（Chardonnay）白葡萄酒。

　　中午不到，就暢飲了幾乎一瓶半白葡萄酒的我，開始覺得眼皮有些沉重，於是小寐片刻。事後突然想到，小學時和外婆在周日上北投長老會的教堂做禮拜時，我不是也常常在後座打盹嗎？

·　　金百利（Campari）：苦味開胃酒，起源於義大利，用酒精浸泡多種草藥和水果釀製而成，鮮紅的顏色是其獨特的標誌。也常被當作調製雞尾酒的利口酒。

高潮
補酒

冬天是喝蛋酒的好季節，尤其是聖誕夜，喝了蛋酒，據說會有一年的好健康。晚上喝的蛋酒，可以幫助睡眠；清晨喝冰的蛋酒，卻可以克服宿醉，有不少人喜歡在一夜狂醉的第二天清早，喝杯醒腦的香甜蛋酒當早餐。

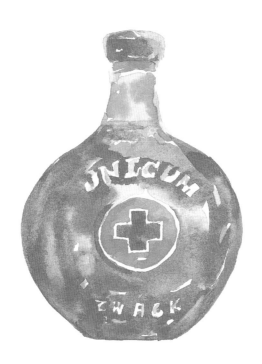

中國人好補，可能有世界上最多種的補酒。我的美國朋友在逛華西街時，對浸了蛇膽、虎鞭的各式藥用補酒最為吃驚。

西方補身的酒，花樣就沒這麼多，像有名的匈牙利補酒烏尼昆草藥酒（Zwack Unicum），據說用了數十種珍貴的草本植物精華，味道很像中國的藥酒。我十分懷疑這類酒的製造和中國有所關聯，也許是匈奴攻打匈牙利時帶去的中國藥酒。

一九九四年時我在布達佩斯過冬，那年雪下得很大，室內暖氣不足，使我得了重感冒。我的朋友麗拉送來了烏尼昆草藥酒，燙了後要我服用，我喝下了一大杯，合衣躺在床上，出了些汗，又睡了一晚，感冒竟然就痊癒了。麗拉說，這種酒是匈牙利人治感冒的偏方。

迄今我家中的酒櫃，仍固定會擺上一瓶烏尼昆草藥酒。本來都是在國外買，但不久前在東區的酒舖，竟然看到台灣酒商也進口了這種補酒。我問酒舖的人反應如何，他說來買的人都是外國人，有個台灣人買了後，抱怨酒味古怪。我告訴他下回告訴客人它是藥酒就對了，如果再騙說會滋陰補陽，也許銷路會大增。

各國的蛋酒評比

說到滋陰補陽，荷蘭人也相信喝蛋酒（Egg Nog）可以增進性活力。荷蘭有一種很出名的瓶裝蛋酒，取名「Advokaat」（意為律師），很奇怪的名字，據說是因為荷蘭人相信喝了蛋酒，舌頭會特別靈活，會像律師一樣愛與人爭辯。其實舌頭大有妙用，因此也有人叫蛋酒「Blow-Up」（蠻色情的名字）。今日阿姆斯特丹一些較傳統的「棕色咖啡館」（Brown Café），還有賣蛋酒的服務，但都是酒廠出品的，我並不愛喝。

冬天是喝蛋酒的好季節，尤其是聖誕夜，喝了蛋酒，據說會有一年的好健康。這是西方式的迷信，像我們相信小孩過年吃年糕會長高一

樣。

　　蛋酒有幾種現成的調酒販售（如Bols），但我從來不買現成調好的，總認為用的是蛋粉，喝來有點噁心；有不少人就是喝過現成的蛋酒後，覺得蛋酒不好喝。其實蛋酒做起來並不麻煩，三十毫升的黑色蘭姆酒，加二十毫升的白蘭地，再加九十毫升的熱牛奶，再加一顆蛋黃、一小包砂糖，再灑些荳蔻粉一起攪拌，就是很好喝的蛋酒了。在深冬晚上，手涼腳冷時，來上一杯熱呼呼的蛋酒，馬上全身變暖。還有人說，男人女人喝了蛋酒後，會熱情如火，這點對我並不靈驗。

　　晚上喝的蛋酒，可以幫助睡眠；清晨喝冰的蛋酒，卻可以克服宿醉，有不少人喜歡在一夜狂醉的第二天清早，喝杯醒腦的香甜蛋酒當早餐。這是我在加勒比海的遊輪上所認識的一位酒保告訴我的。他說每逢船上舉辦離別派對的第二天上午，他都特別忙，而且還要事先準備好幾打的新鮮雞蛋才行。

　　中國人相信吃酒釀蛋花可以養身，丹麥人也有一種類似的吃法，用的是黑啤酒、黑麵包、鮮奶油、蛋和砂糖、檸檬皮一起用小火煮到麵包變軟。

　　當我第一次在丹麥農家開的B&B吃到這道早餐時，著實大吃一驚。現在偶爾冬天早餐想換換口味時，我還做過幾次的丹麥酒釀蛋花。有位朋友在我家嘗過一次，也直說吃過這種早餐，一上午都活力十足。

　　中國人喜歡在冬至吃酒釀蛋花湯圓，西方人竟然也有冬至酒，是用傳統的麥酒，加上蛋、蜂蜜、香料煮在一起，叫「Wassail」，都有去寒的意思。因為天氣冷了，要小心得感冒，而感冒常是百病之母，飲用一些有酒、有蛋、有糖的東西，的確會增加身體的熱量。

　　除了蛋酒外，奶酒也常當成補酒使用。像有名的愛爾蘭奶酒「Baileys」，加熱後很適合在冬日飲用。而把Baileys奶酒和伏特加一起搖晃，調製出來的雞尾酒叫作「高潮」（Orgasm），很符合中國人對補酒的想法。

不管東西中外，補酒總是難脫異色作用，像中國人常喝的補酒：鹿茸酒、三鞭酒、虎骨酒，通通補的是男性的強精固本，而男人喝這些補酒，為來為去都是為了別人，可見男人喝酒從拼酒到補身，很少是只為自己而喝的。

　　但女人喝補酒，補的卻是自己的元氣，不管是加了米酒的麻油雞或四物雞，吃喝下去，並不需要逞強。女人喝補酒，圖的是愉快，何必太累呢？

高粱
初戀

在我家中，除了各式的葡萄酒、威士忌、伏特加和各式甜酒外，一定還有號稱「XO」級的金門高粱。每次我切上一盤小菜，豆乾、花生之類的，打開酒瓶，聞到散出的酒氣，我都覺得那是世界上最香的酒味。

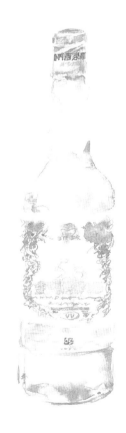

我臉上有兩道酒渦，有人說這是愛喝酒或能喝酒的徵兆。可是我的酒渦遺傳自父親，他卻是滴酒不沾。及至年長，我問他為何不碰酒，才聽到一個十分有趣的故事。

　　話說父親年幼時，祖家在南通有間大綿紗店，東台老家又有鹽田，家境富裕。每年春節前，父親全家回東台過年，家中什麼事都雇了大批人做，從醃製食品、做年糕、辦年貨到釀酒等，都在老家各落宅院中進行。父親說，有一次他貪玩，到了造酒處，爬上爬下時，竟然就掉進一個釀造紹興酒的槽中。等他被救上來時，已經吞下好幾大口酒液，他也醉上三天三夜（也許沒那麼久吧）！總之，三天三夜是我父親的說詞，意味著好久。

　　這叫一朝被蛇咬，十年怕草繩，從此我父親滴酒不沾，連酒釀都嫌味衝。我猜童年的他，差點淹死在酒糟池中，已經把酒味和逼近的死亡恐懼連在一塊。因此只要聞到酒味，他就想到死，當然不會喝酒了。

　　有件事說來奇怪，我記得年幼時就發現自己喜歡酒味，而且還能喝酒。話說某次參加鄰居的喜宴，當時小學六年級的我，和一群較大的哥哥姊姊等鄰居坐一塊，新郎新娘來敬酒，大家端起紹興，我也學樣端酒，但一聞那味道，覺得不好聞，做了個怪鬼臉。同坐的大哥哥笑說我年紀太小，大概不敢喝酒，愛逞強的我不服氣，指著桌上另一瓶白色的酒，說我可以喝那個。大家愣住了，有人說那是高粱，很烈的，但我堅持要試。反正是喜宴，中國人又一向不覺得年輕人喝酒有什麼大驚小怪（拉丁民族的小孩也很早就喝酒的），我又堅持，就有人倒上一小杯給我，還要我淺淺嘗，別醉倒了。

　　我一拿起小小杯的高粱，就迷上那味道，那是我對高粱的初戀，迄今感情未變。我一口喝下一杯高粱，嚇壞大夥，但我一點都不覺得辣口，還很喜歡酒下喉嚨後留下的滿齒酒香。

　　我又要了一杯，之後在半打賭半好玩的情況下，整桌的大哥哥大姊姊（不過也是國中、高中生，不會真的管小孩的），看著我喝下八小杯

的高粱。從此，我的海量就聞名新北投老家一帶。

我一直不明白，自己為什麼對紹興一聞倒胃，對高粱卻一聞鍾情。紹興的事，直到父親告訴我他的童年慘遇，才讓我明白他對酒的恐懼，只傳給了我紹興的部分，但我喜歡高粱，不知是哪位祖先的基因？（我問過母親，她也不愛高粱，她愛紹興，顯然她的基因沒傳給我。）至今，每逢喜宴，只要是紹興，我便假裝不會喝酒。但很少喜宴會放高粱的，恐怕是太烈，怕客人都出不了餐廳，得由新郎新娘出旅館費。

在我家中，除了各式的葡萄酒、威士忌、伏特加和各式甜酒外，一定還有號稱「XO」級的金門高粱。每次切上一盤小菜，豆乾、花生之類的，打開酒瓶，聞到散出的酒氣，我都覺得那是世界上最香的酒味。

我在世界各地都有些酒友，大家在一起時，總會分享對各種酒的品嘗心得。我曾不只一次帶高粱去以酒會友，得出了一個小結論：我在法國、西班牙、葡萄牙、義大利的朋友，竟然都不懂得欣賞高粱，都覺得味道太重又太辣口，但波蘭、俄羅斯、匈牙利的朋友，卻都很喜歡高粱。至於蘇格蘭人，他們總要先說句還是威士忌好，才肯說你的高粱也還不錯。原來酒的口味真有南北之分，南方人愛發酵酒，北方人愛蒸餾酒，東歐、俄羅斯都有用馬鈴薯、燕麥、雜糧等釀造的蒸餾酒。

小時候看武俠片，最喜歡看到俠士或俠女到客棧打尖時，往酒肆一坐，就有堂倌來問大俠喝些什麼，裡面的人總回答白乾幾兩，花生小菜幾份。在電影院中的我，看到此景竟然會口乾起來，也想喝口白乾解解渴。長大後告訴朋友這段回憶，有人笑說怎麼我看武俠電影，竟然會特別留意這句每部電影中幾乎都會出現的千篇一律的台詞，但也有人笑我竟然小小年紀就犯了酒癮。

天保佑我，從十二歲就愛上高粱酒香的人，至今仍不是個酒鬼。我想，大概是自己太愛酒了，因此特別不會糟蹋酒。我從不濫飲，也盡量不喝醉，希望能天天喝一小杯高粱直到百歲。

白酒與
黃酒爭鋒

中國大陸的白酒歷史比諸黃酒，要短太多，原因是黃酒是自然釀造，但白酒卻須蒸餾。唐代詩人李白就曾寫過「白酒新熟山中歸」，李白乃一代酒仙，酒量應當不小，會喝醉酒去撈水中月，想必喝的是酒精濃度高的白酒吧！

在中國酒之中，我一向是偏白輕黃的，白酒類如五糧液、高粱、茅台、大小麴、二鍋頭、白乾、燒酒、杜康、太白等。這些名稱各異的白酒，其實有不少相似處，都是以雜糧穀物為主，以蒸餾法造酒，酒精濃度至少在四十度以上，酒液透明無色。這些白酒所取之名，有取自原料、產地、工藝技術、酒色、古人名等，而每種酒都有其獨特的味道，尤其是酒香各異。

一般而言，酒香可因程度及性質不同，分為清香、濃香、醬香三種。像武俠電影中，俠士上酒館常叫的白乾，即屬清香類，知名的酒如山西汾酒。而濃香的酒，以五糧液為代表，尤其二十年份的五糧液，每每一開瓶，濃香四溢，飲之口鼻生香。一九八九年我遊大陸時，曾買了幾瓶二十年份的五糧液老酒，回台後每次在餐廳開瓶，都芳香四座，羨煞鄰桌酒友。

至於醬香酒，以貴州茅台為主，此酒因宴請尼克森、季辛吉而被當成國賓酒。早年我買的茅台都極好，入口為一段獨特的奇香，其實就是醬香味。但茅台實在太有名了，供不應求後，就粗製濫造，這幾年味道真是走下坡。

中國大陸的白酒歷史比諸黃酒，要短太多，原因是黃酒是自然釀造，但白酒卻須蒸餾。一般說來，中國白酒的歷史，也許和阿拉伯人的蒸餾酒器有關，而史上和白酒有關的記載，確實也源起於和胡人（阿拉伯人）來往密切的唐代。唐代詩人李白就曾寫過「白酒新熟山中歸」，李白乃一代酒仙，酒量應當不小，會喝醉酒去撈水中月，想必喝的是酒精濃度高的白酒吧！

白酒宜冷飲、凍飲、清飲。冷飲即平常溫度，不必如黃酒加熱；凍酒即傚效伏特加，可把酒精濃度高的白酒，置於冷凍室中，稍後飲之，冷香凝聚；清飲即單獨飲用，品嘗純粹酒味，倘要下酒菜，也宜以豆干、花生等簡單滋味為佳，不宜大魚大肉，恐奪白酒細緻之味。

有一年到西安，遇大雪紛飛，深夜裡騎腳踏車從旅館上回民大街，

覓到一殘破的個體戶小食店；門外小燈在雪中搖晃，室內人聲鼎沸，想必有好食在內。我急入室，學當地人點豆干、花生配冷白乾，冷酒入口順滑無比，酒香盈鼻，我慢慢喝完一小盅酒後，才叫了一碗熱騰騰的羊肉泡饃。殘餘口中的白乾和清爽的羊肉原湯化成雨露共霑，再加上室外的飄雪，真是一大幸福！

至於黃酒，一直不得我厚愛，尤其是本省產的紹興、花雕者流。但此一偏見，卻在我遊江南後，稍稍平反。

知我不愛黃酒的友人，自己在遊過紹興後，一直建議我要去紹興一趟，並且一定要喝喝當地咸亨酒家的紹興老酒。有一年春假，遊杭州之餘，順道也去去紹興。還沒進古樸的咸亨酒家大門，就被門口一罈一罈黑色大酒缸的酒香薰醉了。而那裡的酒香十分芳香，完全不像我早年聞到的紹興酒的酸腐氣。

我叫來一些當地冷菜，都是小盆料理，有醉雞、嫩蠶豆、馬蘭頭豆干等，又熱了一盅陳年加飯酒。先食些小菜，待飄著香氣的溫酒來到，我懷著初戀般的心情喝一小杯，果然入口香甜、醇厚、鮮美。這一小杯，就改變了我和黃酒的關係，現在只要到江南，我一定會四處品嘗美味的黃酒。

黃酒在中國歷史上起源甚早，一般說來，在野果與獸奶釀酒後，應當就有穀物釀酒。中國有三位神話式人物都和穀物釀酒有關，即神農、儀狄、杜康，這三人其實就等於羅馬的酒神巴庫斯。

黃酒產地不少，但紹興最出名，原因和春秋戰國時的勾踐有關。勾踐定都臨安，獎農人釀黃酒，因此古來黃酒就稱「越酒」。紹興之所以成為黃酒酒鄉，是因當地土質好，可以種出優質糯米，再加上水質佳，發源自會稽山脈的鹽湖水質清淨，軟硬適中，極宜造酒。

好的紹興酒，一定要選當年生產的糯米，還要用冬季湖心的水，然後再以紹興獨特的造酒技術，用淋飯法做酒母，用攤飯法把蒸熟的糯米攤涼，再加酒母、酒麴、水及浸米水，一起放入陶缸中製成酒釀，再裝

罈造酒。

　　紹興酒的酒罈，封口只用荷葉、黏土，阻絕了陽光，但不阻絕空氣，因此罈中之酒會越陳越美，譬若紅酒。年份高達二、三十年的紹興老酒，喝來香味醇厚，風味無窮。我很高興自己又重回黃酒懷抱，否則吃江浙菜時，每不知要搭配何種酒款，而的確，黃酒也宜入菜，不少江浙美味都有黃酒的精華在內。

　　黃酒也宜溫熱，取其酒香易飄鼻，一口溫黃酒，再吃幾罈用冷黃酒泡製的醉蝦、嗆蟹，真是人間美味也。

香口
奇炙

幾年前有了南村落，那個難以定位、卻又獨特迷人的空間，我看著至少四五個階段的變化、領受兩次良露親自坐鎮打理的美好盛宴，我津津樂道、得意洋洋，因為有著家的溫度，即使我沒記得幾道菜的名堂、配了什麼酒的美好，跟著良露一起，一切都是恩典。

其實，談論起酒與美食的話，最不必發表意見的應該就是我這種不常喝酒、也缺乏美食研究與心得的聽眾，但是，也許在良露無比熱情的宇宙裡，這樣的配角也是不可或缺的。有一次，當我又毫無保留真心全意地讚美著入口的食物，良露笑著說我就是那種宴會主人最愛邀請、但因為挑戰性不高就比較難有成就感的客人。我說雞肋是嗎？她說你好一些。然而包括良憶在內的韓家姊妹，卻是我這個飲食介面的平凡百姓重大的恩典與記憶。

一開始，其實只是某種形式的「還願」，那年良露與全斌學長剛回台北定居，我除了劇場生涯，又還同時是個全職的唱片公司古典部勞工，也因此跟先前在報社工作的良憶先已經熟識。那次她說姊姊家有個Party，問我去不去，我其實不愛交際，再加上公司劇場兩邊傾軋著，真沒心思與心情去，但一回念，因為年輕時的一個半面之緣，我想人生繞了小半圈，去見見大姊補另個半面也好。

這個半面是在我極為青澀的大學時代，一個河左岸劇團前身的社團聚會，老師替我們排了一部超過當時電檢尺度甚多的電影，寺山修司的《上海異人娼館》（順帶一提這就是我這輩子的第一部寺山修司），看完之後我跟社團負責人護送著這卷錄影帶一路從北邊的淡水、大老遠的去到南邊的公館還片，錄影帶的主人就是良露，可能事前聯絡不足，主人似乎沒有預期這個造訪，門就開了一半，聲音疲倦，我們遞過這個「非法」存在的地下產物，像剛出道的祕密情報員，有點不知所措的就匆忙離去。

我跟朋友說，鼎鼎大名韓良露，我卻只看到她半邊臉耶。所以十幾年後在看得到天母大葉高島屋的高層公寓裡，我再一次站在她的樓梯間，而這次，門全開、著名高分貝的聲音爽朗，良露見我就大笑著說一

當年被嚇到的就是你啊，我根本不記得那件事……

　　這當然就開啟了我人生裡有限快樂的另一個向度，原來以為只是吃吃喝喝的那些事，成就不了什麼人情事理，常常重交情的聚會，由於話頭熱烈就少了味蕾感受，反過來推推敲敲吃的喝的，又像在高下彼此專擅，人味往往淡了，但有良露的聚會，我總是能感受到兩者幸福的平衡。有良露的聚會，對許多人是老友的局、另外一些是同好、後來又多了不少學生後進，我哪種都稱不上，但這為數即使也不算太多的吃吃喝喝，我從沒有邊緣過，幾年前有了南村落，那個難以定位、卻又獨特迷人的空間，我看著至少四五個階段的變化、領受兩次良露親自坐鎮打理的美好盛宴，我津津樂道、得意洋洋，因為有著家的溫度，即使我沒記得幾道菜的名堂、配了什麼酒的美好，跟著良露一起，一切都是恩典。

　　所以，一開始未見全貌、挺神祕的摸不著脈絡、就算暗中微香也讓人有些忐忑、充滿誤解的風險，等到終於明朗、還又多了歲月的加持，我們這些小跟班、小陪客早已醺醺然沉醉其中，這會是某種酒的描述嗎？用緣分與友情釀成的，還是說，這就是良露，那個用人生品酒、用學識烹煮與品嘗美食的姊姊，說得那麼好的酒與美食，但她自己就是美酒——奇香炙口的那種。還是她提過自己偏白輕黃所喜歡的中國蒸餾酒種。而原來說聊聊跟良露吃吃喝喝的快樂記憶，但從這件往事一切入，卻又讓人神往起一個迷人的人格，覺得啊原來，許多人眼中的享樂主義者，或說生活／美食的品味家，卻也無論如何要讓人長久懷念的，是一種溫暖直率如酒的人格。

黎煥雄｜詩人兼導演

part.4

一起，

小飲

我曾喝過很好喝的布根地紅酒，是沒有牌子的。那次我在家中宴請
外子的一位法文班老師，他竟然帶來兩瓶沒有酒名的紅酒，令我十
分訝異。但當天晚上喝的這款酒，卻好喝極了。原來他叔叔在布根
地有個小酒園，生產精良的紅葡萄酒，只供應少數的餐館和親戚。
他叔叔的酒都是木桶送貨，米榭爾的父親再自己裝瓶。喝酒最有趣
之處，就是遇到這麼美好的意外，不是存心的期待，不必迷信大
牌，而是偶然的奇遇，好像突然遇上喜歡的人，心裡的那種歡喜。

香檳
境界

喝香檳，最宜當成開始或結束的酒。餐宴前菜之前，來一杯香檳，微酸的滋味剛好醒骨，讓人頓生味蕾的歡愉，有若好情人做愛的前戲，一點點的消魂，挑起對感官美味的饑渴。

香檳（Champagne）是氣泡酒，但氣泡酒卻不一定是香檳。這是最簡單的香檳定律。

本來香檳的誕生只是個美麗的錯誤。在法國東北部寒冷的香檳區（Champagne），秋季發酵好的葡萄酒，必須在來年春天再發酵，這種二度發酵的作法，導致葡萄酒內產生淨化碳的氣泡，使得葡萄酒往外冒溢。而為了讓酒不致冒出，有位盲修士發明了用軟木塞把酒瓶封住，卻意外地製造出有氣泡的葡萄酒。

今日全世界只有法國東北部的香檳區，可以把他們生產的氣泡葡萄酒取名為「香檳」，地名成為專利酒名。其他地區的氣泡酒只能叫「Sparkling Wine」。這麼一分，使得香檳變成了公主，而氣泡酒淪為灰姑娘。

香檳區的香檳酒中，最有名的大概是以盲修士唐‧培里儂（Dom Perignon）為名的酒款，其次是一般人較常見的酩悅（Moët & Chandon）。

香檳一般而言，都給人一種奢華、高貴、獨特、不凡的感覺，這點和價錢並無直接的關係；唐‧培里儂和酩悅在機場免稅店購買，不過上千或數千台幣，比起有些陳年的高價紅葡萄酒要便宜多了。

香檳之所以給人這種稀罕的感覺，和許多歡樂派對喜歡開香檳慶賀有關。標準的開香檳方式是讓氣泡酒滿溢而出，象徵著成功的滿溢，但也同時意味著成功的無常與易逝，美麗的氣泡一旦溢出，就變成平淡無奇的葡萄糖水了。但香檳的誘惑一直存在，人人都喜歡得到成功，即使成功如氣泡一樣脆弱不耐久。

我第一次喝香檳，是在一個意外的場合。那一年我十八歲，第一次出國去香港，當地朋友邀請我在半島酒店喝下午茶。在酒店的大廳，做電影的朋友偶遇一位時尚界的朋友，他邀我們一起去二樓的酒吧參加一個香檳派對。

我看到像好萊塢電影中的情景，香檳酒杯排成金字塔形狀（就叫香

檳塔），當香檳從頂端往下倒，淡金黃色的氣泡一路向下流，彷彿一道香檳的金光瀑布。這是個十分神奇的景象，我迄今仍未遺忘。不過那次的香檳滋味卻不太記得，也許是氣泡沉澱過久，總之，香檳的滋味並未令我一嘗動心。

開始喜歡喝香檳，是多年以後的事。在二十多歲時，因寫電視劇本而買下第一棟小公寓時，當天晚上，我和朋友去台北的亞都飯店慶祝，很奢侈地點了一瓶法國的酩悅香檳配鵝肝醬土司。香檳開瓶剎那的「砰」聲，配合著迸放的水花泡沫，真的讓人有種香檳式的高潮之感。

香檳是種性感的酒，很適合搭配魚子醬、牡蠣之類的催情食物。香檳也一向被當成誘惑女性的聖物，因為香檳好喝，易於入口，加上氣泡的揮發性，使得香檳中的酒精很容易被人體吸收；如果肚子空空的人，隨意喝兩三杯香檳，就連平常酒量還可以的人，都可能變得手腳發軟。但那種因香檳而柔軟的狀態，是種迷人的微醺，人的腦子變得輕飄飄起來，音樂也變得格外悅耳動聽。

酒量一向尚可的我，多年前卻有喝香檳而醉的經驗。在倫敦時，我和外子去觀賞翰利（Henley）的平底船競賽（Regatta），我們的朋友湯姆是划平底船的高手，那一天他果然贏得比賽，拿出準備好的香檳開始在船上大肆慶祝。那時已是黃昏，我的肚子已經有點餓了，但他只準備英式洋芋片（Crisps），根本無法充飢，也許那天黃昏也太美，傍晚的微風吹在身上令人心神盪漾，我多喝了幾杯香檳，卻不知道自己已經天搖地轉。當船靠岸邊要下船時，我一不小心踩空腳掉入河中，還好我水性不錯，立即掙扎上岸，否則說不定變成香檳醉鬼了。

香檳一向慣作開胃酒，或高級宴會中的飲酒，因為香檳易醉，因此總會伴著一些小點心，像小型三明治、魚子醬餅乾、起司等。有些正式的餐會，也會以香檳作為第一輪的飲酒，取其味道微酸，最適合配第一輪的小前菜。

我曾參加過一次正式的法國餐宴，上酒上到頭昏眼花。第一輪是香

檳，配魚子醬貝利尼（一種俄國式薄餅）；第二輪是夏多內白葡萄酒，配燻鮭魚慕思；第三輪選用最高級的塔維爾（Tavel）粉紅酒，搭配煎肥鵝肝；第四輪是布根地的馬貢（Mâcon）紅葡萄酒，配布根地紅酒牛肉；第五輪是金黃色的索甸甜白酒，配藍紋起司；第六輪則是波特酒，配巧克力蛋糕。還沒完呢！最後還上咖啡和白蘭地。

這場由香檳開場的晚宴，使我大大見識到法國人喝酒品酒的能耐，再加上品嘗美食，這頓盛宴前後吃了快四小時，結束時我幾乎站不起身。我告訴自己這種美酒美食的誘惑，只能僅此一次，下不為例。

喝香檳，最宜當成開始或結束的酒。餐宴前菜之前，來一杯香檳，微酸的滋味剛好醒骨，讓人頓生味蕾的歡愉，有若好情人做愛的前戲，一點點的消魂，挑起對感官美味的饑渴。

世人多懂香檳前戲的道理，少懂香檳後戲的滋味。其實在一場盡興的飲宴之後，曲終人散之前，飲用清新的香檳，反而能喚醒醺然，讓精神再度抖擻煥發。

有一回，請了一群台北中年男女在家中聚宴，美食美酒醉人心，大夥都略略微醺，在客廳的燭火搖曳中，隨個人心情的流動，幾個人爭相傾訴心底陳年舊事。這時剛好開了瓶冰鎮好的香檳，一口冒泡的清香入喉，每個人都像回了魂過來，不覺微笑起來。雖然知道此等生命的甜美，就如香檳底部不斷上昇的氣泡般不容久留，但這一剎那，卻是心神盪漾。

此種歡後的香檳，彷如情人在起身前最後的溫存，迴盪的滋味遠過前戲的調情。懂得這般風華的情人，就如懂得在酒足之餘，仍用最後的一杯香檳撩撥人心一般。

布根地酒
多年後

我曾喝過很好喝的布根地紅葡萄酒，是沒有牌子的。那次我在家中宴請外子的一位法文班老師，他竟然帶來兩瓶沒有酒名的紅酒，令我十分訝異。但當天晚上喝的這款酒，卻好喝極了。

外子在倫敦大學唸博士時，還同時到法國語文中心唸法文課程。他一向是個法國迷，從小喜歡法文及法國事物，到了倫敦後，雖然和法國只有一海之隔，還是從根本的語文開始親近法國。

因為法國近，尤其英法海底隧道通車後，從倫敦維多利亞火車站坐「歐洲之星」，三小時就可到達巴黎市中心的北站。我和外子每逢假期，不拘長短，最喜歡往法國跑。外子可以練練法文，我則可以盡興品嘗美酒佳餚，因此在倫敦近五年期間，我們幾乎跑遍法國的大城小鎮。

位於法國中部的名城第戎（Dijon），是我常去之處，原因有幾個：首先，第戎是布根地（Bourgogne）地區的美食中心，市中心彷彿美食大會堂的市場，是我很喜歡的地方；我常在那裡買各種食材帶回倫敦，因為第戎的物價比巴黎便宜。再說，第戎市中心也有不少美食餐館，名菜如布根地紅酒牛肉、蝸牛料理、紅酒公雞（特別用公雞做的一道名菜）、芥末奶油豬肉都做得很好，而且價格也不貴。

另外，第戎附近正是有名的布根地酒區，有幾個著名酒區，如夏布利區（Chablis）、黃金之丘區（Côte d'Or）及美好之丘（Côte de Beaune）等，都是值得遊覽的酒鄉。

第戎的地理位置很中心，從巴黎坐高速火車「TGV」到第戎不到兩小時，從第戎又可繼續到許多不同的地方，如南方的隆河流域、里昂、普羅旺斯或蔚藍海岸；還可以向東南走，去阿爾卑斯山區的格勒諾勃（Grenoble）與安錫（Annecy），或向東行到伯桑松（Besançon）一帶。因此，不管去哪裡，回程時，我們常在第戎小歇，吃頓飯，順便購買美酒、食材帶回倫敦。

有些法國人喜歡誇讚布根地的酒比波爾多更勝一籌，此話小部分是事實，但大部分卻不盡然。

布根地的地區不大，夾在阿爾卑斯山及中央山塊之間，丘陵起伏，地形破碎，地質複雜，風土變化大，再加上本來就狹小的土地又切分成很細的農地，因此大部分的葡萄酒園規模都很小。不像波爾多的大片原

一起微醺

野，又有大酒莊的傳統，所以波爾多的高級酒莊從栽培葡萄、採收、釀酒、裝瓶、出貨都一手包辦，品質容易控制。布根地的葡萄園無法釀造及裝瓶，整個葡萄酒製造流程只能分割成栽培者（Grower）、造酒者（Wine-Maker）以及酒商（Wine-Merchant）。造酒者和酒商常是一體，有個專有名詞叫「Négociants」。

因此有人說，經過多年的訓練，要成為波爾多酒的專家還有可能，但即使經過十年的訓練，想變成布根地酒的專家卻還是很不容易。布根地的酒太複雜了，很多法國愛酒人都搞不清楚其中狀況，酒商容易趁機混水摸魚，也因此使得真正品質好的布根地酒，物以稀為貴，可以超價販賣。

像布根地最有名的羅曼尼康堤（Domaine de la Romanée Conti），面積只有一點八公頃，一年產量只得六百箱，不像波爾多紅酒的頂級拉菲・羅斯柴爾德酒莊（Château Lafite-Rothschild），一年可生產兩萬五千箱。這麼稀有，使得羅曼尼康堤的紅酒最便宜也要台幣二萬元。但到底這個酒是不是一定比別的頂級酒好呢？恐怕很少人能夠回答。我並非「酸葡萄酒」心理，但我並不期待喝到羅曼尼康堤酒，因為真是太貴了，喝的時候恐怕會有罪惡感。

我喜歡好酒，只期待一年之中，偶爾喝幾次高級酒，平時還是過過家常日子，在平價酒中找尋好滋味的樂趣也就更無窮。

最得我心的夏布利白酒

在布根地酒之中，最得我心的是微辛（Dry）的夏布利（Chablis）白葡萄酒。這種酒佐配生蠔及煎肥鵝肝都很好。夏布利有種獨特的香氣，喝過就不會忘記，那種清新感，常讓我想到年輕時在清晨的雨中散步所聞到的霧的氣息。

第戎南方的黃金之丘，是一片丘陵地帶。有一回我們開車在那裡拜

訪當地小小的叫「Domaine」（領地）的酒園，黃昏時落日西沉，整片丘陵地向陽處果然如黃金般閃閃發光，景致美得令人屏息。我沉醉在大地的光芒中，覺得人生是如此美好，大自然的禮讚隨處可遇。有時，拜訪酒鄉，醉翁之意倒不完全是為酒，而是為了美景。葡萄園的風光，結合了自然與人文的美，徜徉其中，可得人生之醉。

黃金之丘的南邊有個美好之丘，其中的美好鎮（Beaune），是布根地酒的集散地。小鎮不大，卻有上百家葡萄酒專賣店。許多店家門面雖小，一入門後，卻有深廣的地下酒窖，在陰涼幽暗的石頭地窖中，點著燭光品酒，實在別有情趣。

美好鎮上有家知名的療養院，早年是西多教派（Cistercian）的修道院，布根地的葡萄酒歷史，西多修士貢獻良多。如今這間療養院有近五百公頃的葡萄酒園，真是個大「領地」，每年十一月在此還有葡萄酒競標會。

十一月是我的生日，有一年，我就去競標了幾瓶酒，迄今仍未開封飲用。我想放滿二十年之後，再開酒，不知屆時人事又是如何情景？我很喜歡建議朋友存酒，買些酒齡淺的頂級酒莊或酒園的酒，擺放個十年以上。時光匆匆過，再回頭看自己存放多年的酒時，會有很特別的感慨。有時憶起當年買酒時的生活，內心澎湃不已，帶著這樣的感覺開啟陳年佳釀飲用，才是別有一番滋味在心頭。

法國人形容波爾多酒像女人，因此有個外號叫皇后，而布根地酒是男人，外號自然是國王。當皇后和國王都老了以後，你會選哪種酒？

第戎的北邊有個小小的帶狀地區，叫夜之丘（Côte de Nuits），是布根地高級紅酒的產地。幾個有名的酒園都在此地，如最貴的羅曼尼康堤酒，以及塔須（La Tâche）、香貝丹（Chambertin）、梧玖莊園（Clos de Vougeot）、羅曼尼（La Romanée）等。這些酒園也都開放參觀，建築風格比較像度假的莊園，不像波爾多的古堡那麼華麗，但比較得我心，有種閒散、安逸的氣氛。

布根地還有不少小酒農，釀的酒不多，好壞差別很大，最懂門道的人，往往是法國各地的餐館主人，以及一些關係良好又懂酒的醫生、律師者流。這些人經常會包下一家小酒農的全部產量。因此如果有熟識的餐館主人，不妨向他們打聽，或交情夠時，硬和他們一起下單買酒。

　　我曾喝過很好喝的布根地紅葡萄酒，是沒有牌子的。那次我在家中宴請外子的一位法文班老師，他竟然帶來兩瓶沒有酒名的紅酒，令我十分訝異。但當天晚上喝的這款酒，卻好喝極了。我知道我的味蕾並沒騙人，問這位米榭爾先生怎麼回事？原來他叔叔在布根地有個小酒園，生產精良的紅葡萄酒，只供應少數的餐館和親戚。他叔叔的酒都是木桶送貨，米榭爾的父親再自己裝瓶，才連酒名都沒有。

　　喝酒最有趣之處，就是遇到這麼美好的意外，不是存心的期待，不必迷信大牌，而是偶然的奇遇，好像突然遇上喜歡的人，心裡的那種歡喜。

酣飲
波爾多

回到倫敦後，有時晚上坐在搖椅上看電視，邊吃起司蛋糕邊喝甜白
酒，我就會想起波爾多的那片原野，一年四季跟隨著葡萄的生長而
變化，也許幾百年來都不曾改變過。心中有過那片葡萄的原野，日
後再喝波爾多的紅酒及甜白酒時，總是覺得分外醇美。

當中共在台灣海峽試射飛彈、美國航空母艦巡弋太平洋時，我正在法國西南部波爾多（Bordeaux）的酒鄉覓酒尋鮮。我並非醉生夢死。當時海內外許多人都危言聳聽強調台灣有多危險，幾百個外國記者群聚台灣，報導台灣第一次總統直選。我在波爾多旅館的電視上看著台灣的報導，心中可是一點也不擔心，雖然我的家人、親戚、朋友都在台灣，我卻知道一切都會沒事，除了股市無理性的下跌外，不會再有更嚴重的問題發生。所以我放心地繼續我的酒鄉之旅。

　　當時外子剛交出他的博士論文，等待著指導教授審閱，我們決定到波爾多度個假，品嘗當地美食並尋訪著名的酒鄉。

　　波爾多在中世紀時曾是英國的領土，有許多英國人住在那兒；整個波爾多葡萄酒的發展史，都和英國人密切相關。英國人改進了波爾多的造酒技術，並訂定大酒莊的生產方式，規範各種葡萄酒的品嘗等級，更以貿易推廣波爾多葡萄酒到全世界各地（仍以英國本土最多；但在英國，波爾多的紅葡萄酒有個特別的名字叫「Claret」）。早年在波爾多市區的貨倉及郊外的酒莊，老闆大都是英國人；直到今日，波爾多許多酒莊的法國老闆，查其家譜多有英國祖先。

　　波爾多的葡萄酒聞名世界，比起另一法國酒鄉——布根地要有名得多。如同英法戰爭打了一百年一般，有關波爾多和布根地的葡萄酒孰優孰劣這樣的問題，也夾雜了英法兩民族的世仇。

　　波爾多和布根地的酒瓶在設計上有很大的不同，波爾多比較瘦長，布根地則有個圓肚子。一般說來，由於英國人當年的品管制度較嚴格，因此凡是掛上波爾多品牌的，其品質就比較穩定；波爾多的葡萄酒產量僅占全法國的十分之一，但卻占法國葡萄酒法令中標準最高的AOC（Appellations d'Origine Contrôlée）產量的三分之一。

　　然而許多本土意識強烈的法國人，像我的朋友西蒙，就常告訴我，布根地的葡萄酒雖然沒有波爾多穩定，但最好的法國酒鄉只能在布根地找到。因為波爾多的葡萄酒太技術傾向，不像布根地的酒那麼人性化。

品酒至此，已經是高等評論了。自認葡萄酒齡資淺的我，當然不敢隨意置喙。但對「次等外國人」的我而言，波爾多由於有明確的酒莊制度與等級，確實較為方便選酒，因此從開始喝葡萄酒後，我發現自己買的波爾多酒的確多於其他地區的酒。

　　我一直想到波爾多酒鄉逛逛，尤其在幾年前已經去過布根地酒鄉，因此想親自比較兩邊酒莊、酒園的差異。

漫遊波爾多酒鄉

　　看著波爾多旅遊局所提供的資料，光是波爾多一地就有一萬多個酒莊，分布在不同的酒區中。旅遊局的人建議我們先參加酒莊之旅，或租車去特殊的酒莊參觀。我們看了旅遊局安排的酒莊之旅，發現許多有名的酒莊並沒有列入參觀名單。既然已入寶地，豈能錯過寶藏，便決定辛苦點，自己租車參觀。

　　擬定了路線，決定先去我們常喝的梅多克區（Médoc）酒區，那裡有幾家一流的酒莊，如瑪歌酒莊（Château Margaux）、拉圖酒莊（Château Latour）、拉菲·羅斯柴爾德酒莊（Château Lafite Rothschild）、以及木桐·羅思柴爾安酒莊（Château Mouton-Rothschild），這幾家的紅酒我都買過，當然想去見識一番。

　　梅多克酒區位於吉隆德河（Gironde）河口到波爾多北方的左岸，為南北七十公里的狹長地區，靠近北邊三分之二的土壤是砂質地，也就是上梅多克區（Haut-Médoc），其中以波雅克（Pauillac）、瑪歌（Margaux）和聖朱利安（Saint-Julien）等村莊最有名，上述的第一級大酒莊都在這些村子內。

　　我和外子開著車沿著上梅多克區的鄉村道路尋訪不同的酒莊，當時正是五月天，葡萄綠葉茂盛。其實這並不是拜訪酒鄉最好的季節，最好的季節在九月，可以看到葡萄纍纍的豐收景象。

我們參觀了這幾所聞名於世的酒莊，看到了古代的橡木桶酒窖以及現代的不鏽鋼桶酒窖。當然是橡木桶酒窖讓人心動，總覺得存放其中的酒一定比較好喝，但酒莊的人卻說不鏽鋼桶的品質較為穩定，真令人不勝唏噓。

這些有名的大酒莊，都蓋得像古堡一樣，還有腹地廣大的莊園。我們試飲了一些酒，因為還要開車，不敢太放肆。當然也買上幾瓶（後來發現，價錢比在葡萄酒專賣店還要貴）。

上梅多克區的紅酒，以被譽為世界第一的卡本內蘇維濃（Cabernet Sauvignon）的葡萄品種為底——這種葡萄製成的酒，其丹寧酸較高，有種特殊的風味——再加上梅洛（Merlot）葡萄品種，讓酒變得較爽口。波爾多的紅酒，初釀成時顏色都較深，英國人之所以稱其「Claret」（血），就是取其色濃。不過，波爾多的好酒存放經年後，顏色即會轉淡。早年我曾買過一瓶一九八三年拉圖酒莊的特等葡萄園（Grand Cru）的酒，存放十七年後，果然顏色逐漸轉淡，但味道卻變得更醇厚了。

波爾多的露天市集

波爾多是法國西南部重要的都市，專以美食聞名。去酒莊前，我已經早起去波爾多老教堂前的露天市場逛過一圈；只要看看當地的農市，對那一地飲食文化的水準就可以略知一二。

波爾多的露天農市，肉攤上放的不只是切成一塊一塊的肉，還有吊在半空中的野兔、山雞、野鴨、鴿子等，好不驚人。我雖然愛吃美食，但常被饕客取笑太膽小，我只吃牛、豬、雞、鴨、鵝及所有魚貝，一向不吃奇怪的山珍野味。而看到這些吊在半空中的野味，連毛皮都未去除，更是心驚膽戰。

另一攤較合我意，賣的是上百種的起司，其中有不少手工起司，沾

著藥草的、塗著胡椒粒的、灑著辣椒粉的、浸過紅酒的……種類特多，看得十分有趣。

還有一攤賣帶殼生蠔，生意很好，不一會兒就賣完。生蠔裝在像藤草編的籃子裡，拿在手中很有野趣。

雞肉攤賣的竟然也是活雞，大竹簍中一些像土雞的雞隻，還咯咯叫著，有的毛色看來很眼熟，像孩童時在北投市場看農家賣的帶白冠的雞，不知道是不是同一種？還好這些雞並不當眾活剮，不像兒時逛市場，最怕看雞販現場殺雞拔毛。

還有一攤賣各式肉腸的，紅、黑、褐、赭色的肉腸都有，還順便賣芥末醬。老闆很會做生意，還用一個小火爐烤起肉腸來，像極台灣人的烤香腸。我買了一條，邊走邊吃。

至於賣蔬菜、水果的攤位，當然就賞心悅目多了。有的蔬果上好像還淌著清晨的露珠似的，鮮艷欲滴。有一農家請我試吃白蘿蔔，恰好可除去我口中的肉腸焦味。

早上的市場之旅，本來就讓我對波爾多的飲食充滿嚮往，再加上一天的酒莊之旅，淺嘗輕酌，不敢放肆，但酒意已起，勢必要找一好酒好菜之處盡情享受。

我們向旅館的經理打聽美食餐廳。法國人一向樂於為外地人介紹心目中的好餐館，雖然旅館有附設餐廳，但他絕不會慫恿你就在旅館餐廳用餐，不像美國人盡忠旅館職守（但對美食不盡忠），總說自己旅館的餐廳最好。我們在法國向不少旅館詢問過，都得到不錯的建議，好像人人都是美食評鑑家似的，而且日後查書，才發現被介紹去的店，果然也是眾望所歸。

那一晚我們去到茄子（Aubergine）餐館，位於老市區內一條僻靜的窄巷中。我很喜歡波爾多的老市區，有許多高高的石牆，再配上窄窄的圓石小街，整個老城好像一座大古堡。

餐館一看就是典型的好餐館，客人不能坐太多，但也不會少到不好

買貨。我們點用主人推薦的著名波爾多紅酒牛排，也喝了一瓶很好的波爾多的瑪歌紅酒。

索甸甜蜜好滋味

第二天我們決定換方向走，去拜訪一下有名的索甸（Sauternes）甜白酒地區。在匈牙利時曾遊過托卡伊（Tokaji）甜白酒的酒區，得知托卡伊酒的歷史地位（曾是法皇的御用酒，被當成甜白酒之王），已經被高級的索甸甜白酒所取代，當時就想來日也要到索甸一遊。

索甸地區位於梅多克區的南方，當地的氣候秋季多霧，因此濕度較高，會讓已纍纍結果的葡萄皮上長出貴腐菌（Botrytis Cinerea），而使果皮收縮。用這種長有貴腐菌的葡萄釀酒，就成為甜分及香味都較為凝聚的甜白酒。

第二天我們驅車前往製造索甸甜白酒極有名的伊奎酒莊（Yquem）。酒莊接待人員向我們解說貴腐菌的生長及釀酒原理，又帶我們參觀酒窖，這裡存酒用的都是不鏽鋼桶，以求酒味純淨。我們試飲了不同年份的甜白酒，和紅酒相反，這裡的白酒，從年份淺的淡淡金光，逐漸變成金黃色，至陳年的甜白酒佳釀時，已經是琥珀色了。

酒莊接待表示，最好的參觀季節是秋末，可以看到貴腐菌葡萄採收的情景。當地雇用很多外來工人，田野上有時還會有野炊野宿的帳蓬，聽起來有意思極了。我真想來此客串一兩天採葡萄的工人。

我們購買了幾瓶索甸的甜白酒。回到倫敦後，有時晚上坐在搖椅上看電視，邊吃起司蛋糕邊喝甜白酒，我就會想起波爾多的那片原野，一年四季跟隨著葡萄的生長而變化，也許幾百年來都不曾改變過。心中有過那片葡萄的原野，日後再喝波爾多的紅酒及甜白酒時，總是覺得分外醇美。

里昂
薄酒萊

我從未對薄酒萊如此入迷,這時也才真正相信飲食指南上常說,在法國,又好又便宜的酒不在超級市場,也不在葡萄酒精品專賣店,而在最識貨的好餐館老闆的店中。這些老闆懂得和小酒農打交道,又真心想讓顧客喝到好酒,因此挑起酒來比專賣的酒商還小心。

從知道薄酒萊（Beaujolais）之後，一直把每年的薄酒萊新酒當成我的生日酒。這可不是人人都能享有的樂趣，那是因為在十一月下旬出生的我，生日總在新酒上市（每年十一月的第三個星期四）的當天或前前後後一兩天。因此用每年的新酒祝賀年年的新生，成了我送給自己的生日賀禮。

我其實不是非常喜歡喝薄酒萊，新酒雖然爽口，容易上口，又帶著當季風土的清新氣息，但總是少了一些豐富的餘味，入口後容易忘記，因此雖然年年喝薄酒萊新酒，卻沒有哪一瓶是令我念念不忘的。就彷彿每年的生日蛋糕，都盡了慶祝的責任，卻沒有人曾經記得哪年的生日蛋糕特別好吃。年歲匆匆，季節的新酒上市又下市，我的生日來了又去，雖然薄酒萊不是我的最愛，但陪伴我度過每年長尾巴，也真是我的生命之酒了。

但是自從去一趟法國里昂（Lyon）之後，薄酒萊卻突然成為令我念念不忘、痴心妄想的酒。怎麼回事？這必須從那家小小的鄉村餐館說起。

除了看旅遊指南（在法國當然是《米其林指南》〔Guide Michelin〕或《余柏指南》〔Guide Hubert〕了）找餐館外，我還喜歡問當地人，當然不能隨便問，就像你在台北街頭隨便抓個人問哪裡有好吃的台菜，天曉得會有什麼樣的答案。我通常詢問的是一些和飲食有關的店家，譬如精美的熟食店、葡萄酒店、巧克力店等，而由當地人推薦的店家，往往不是觀光客聚集之店，因此別富地方風味。

我去里昂也是如此，在著名的共和大道旁，有家上百年的手工巧克力店，賣的薑條、橘片及原味巧克力馳名全法。我買了好幾包後，和老闆娘聊起天來，我問她最喜歡上哪裡吃道地的里昂菜。

老闆娘沉吟半晌，我知道這不是個容易的答案，因為里昂大概是全世界美食餐館密度最高的城市，市內市外大約有上千家，不僅有法國各省菜肴，還有黎巴嫩、土耳其、義大利、德國、日本、中國、泰國等餐

館，這些世界料理若沒有兩把鍋鏟，根本別想在里昂立足。像征服法國的英國新派料理，也是開在里昂。大部分的美食餐館，因為競爭激烈，價格都很公道，里昂人以午餐為重，一頓全套午餐（也許高達六道菜），有時只要一百法郎左右（換算後約十六歐元），當然里昂市外也有幾家價格不菲的名廚餐館，像有名的米其林三星的保羅‧波古思（Paul Bocuse）餐館，那可得上千法郎才能好好吃一餐。

我們打聽的當然不是米其林星級餐廳，但也是一般法國民眾更仰賴的廚師帽級的餐館。果然，巧克力店的老闆娘鄭重地向我們推薦一家她覺得十分富里昂風味的小餐館，是她們家三代都會吃飯的地方。我一聽老闆娘提到了她的父母及祖父母輩，就知道這家餐館一定不貴，老人家再愛吃，都會精打細算，要先過他們荷包才入嘴。

令人一見鍾情的在地薄酒萊

我們出店後，懂法文的外子立即拿出用廚師帽做標記的余柏飲食聖經，一查之下，這位老闆娘推薦的「Le Garet」果然在榜上，而且有兩頂廚師帽，但價錢卻是一顆星，的確是物美價廉，就只等我們親身體驗了。

Le Garet餐館位於市政廳旁的小巷中，不大不小的兩層樓店面，有著陳年的鄉村老木頭橫樑，以及擁擠卻溫馨的餐座，鋪著潔淨的白餐布。我們到達時，室內幾乎已經客滿，還好牆角還有一張兩人空位。我們坐下來，開始研究菜單及酒單。菜單上有各式午間套餐，都不是簡單的商業午餐，兩三道菜了事，而是規規矩矩的全席，我數了數菜式，連上起司、甜點、咖啡，加起來共有七道。

我看看在座的里昂人，也有西裝筆挺午休的商人，真不知道這樣一餐下來，下午如何上班？但我們是旅人，飽食一頓午飯之後，下午撐不住的話，大不了回旅館午睡，學學普羅旺斯人過日子的方法。雖然帶著

撐大了的胃睡覺好像不大健康。

　　我和外子分別點了兩道午間套餐，一人一百五十法郎（換算後約為二十四歐元）。正在琢磨酒單時，點酒的侍者建議我們喝薄酒萊，說是餐館直接從小酒農那裡訂來的新酒，口味十分濃郁，可和陳年酒一別苗頭。

　　我看看酒單上的價錢，裝在餐館自家透明酒盅的三百七十五毫升的薄酒萊（相當於普通的一瓶酒），竟然只要三十法郎，這還是餐館價，我遲疑著未做決定，竟然是因為酒太便宜了，不敢叫，又不好問侍者怎麼這麼便宜，哪有嫌便宜的道理？我翻開酒單後頁較貴的酒。

　　侍者看我翻開後頁的酒單，又強調地說，不必叫貴的酒，餐館今年的薄酒萊真的不錯。好吧！反正便宜，先喝喝，大不了換酒。酒比菜先上，顏色和以前我喝過的已用軟木塞封瓶的薄酒萊不同，這裡的薄酒萊顏色十分深沉，近乎黑紫色，而不是酒紅色。我啜飲一口，忍不住讚嘆出聲，怎麼這麼好喝，我從未喝過那麼好喝的薄酒萊。外子也同意我的看法，這酒濃郁入口有果香，不帶澀味，喝下口後，嘴中仍有餘韻殘留，比起一般薄酒萊的口感豐富太多了。

　　酒好，菜當然也好，從第一道菜里昂四冷盤，就端上一個大餐盤，內有四大碗醃牛肚、牛腸、牛腱，以及醃碗豆，全部自取自用，只是一道冷盤下來，胃口小的人就飽了。第二道是里昂特製的魚漿球，體型如湖州粽大小，浸泡在紅酒醬汁中。還沒吃完兩道菜，我們就喝完一瓶薄酒萊，趕緊又叫侍者來加酒。侍者帶著微笑為我們又上了一樽，還得意地向外子用法文說他推薦得不錯吧！

　　真是不錯，我從未對薄酒萊如此入迷，這時也才真正相信飲食指南上常說，在法國，又好又便宜的酒不在超級市場，也不在葡萄酒精品專賣店，而在最識貨的好餐館老闆的店中。這些老闆懂得和小酒農打交道，又真心想讓顧客喝到好酒（否則好菜配壞酒，連菜都沒味道了），因此挑起酒來比專賣的酒商還小心。

再續吃第三道的煎里昂肉腸前，餐館老闆先上了一道檸檬雪凍（Sherbert），讓我們爽爽口。這招有用，有點飽了的胃，經此刺激，又激起吃肉腸的食慾。

第四道菜上的才是主菜，竟然還有塊帶血的嫩煎牛排。這裡的牛據說吃酒渣，因此肉質特別鮮美，配上濃郁芳香、越喝越有勁的薄酒萊，兩人突然都變成大胃王，津津有味吃著，第二樽薄酒萊又快見底了。餐廳此時人聲鼎沸，大家都吃到高潮時分，人人的聲量都不覺提高，我們克制自己再叫一樽或半樽薄酒萊的慾望，真不該喝了，至少還得清醒走回旅館吧！

後面上的是新鮮軟起司，白色圓圓的海綿蛋糕大小，以為絕對吃不下的我，吃了一口卻又忍不住吃完。再來是甜點，巧克力慕思十分濃稠，一點都不甜，完全是巧克力原味，我配著濃咖啡，又吃了半塊。

已經下午三點多，餐廳中竟然還有不少客人；一頓午飯，從十二點半到現在，三小時了！我和外子雖然都十分滿意，卻也互相告誡，里昂只可來度假，絕不能搬來這兒住，否則兩個人都會變成大胖子。

臨走前，我把酒樽中僅餘的半杯薄酒萊一口飲盡，嘴裡還喳喳抿抿一番，知道這酒的滋味，我絕不會忘記。果然如此，如今我還常想起那天的薄酒萊，總想再回到里昂喝一次當年的薄酒萊。可是我一直沒再去里昂，也許是怕再喝到的薄酒萊比不上那僅有的一次。

薄酒萊是當年的酒，喝過了就不會再有了，不像有的好酒，也許是哪一名牌一九八二或一九八六年份的，只要花錢，總不怕找不到味道相似的陳年好酒。

也許里昂那小餐館年年都有好的薄酒萊，懷抱著這樣的希望，就像年年生日許願明年會更好一樣。美好的青春雖然已逝，如同過去最好的薄酒萊新酒，但我們還是會安慰自己，只要懂得生命更新，年年都會有美好的新酒出現，只要懂得如何釀造。

義大利
散裝酒

我在倫敦時，就曾喝過一瓶外子法文老師送的沒商標的酒，也是直接在小酒農處批來的散裝酒。當時那瓶酒的美好滋味一直記在我心中，這次我自己要去批散裝酒了，想起來格外興奮。

義大利葡萄酒的產量是世界第一，出口量也是世界第一。但一般人心目中的好酒卻在法國，並不在義大利。

　　我的義大利朋友羅貝托並不同意這個說法。他說，法國人的確擁有許多「昂貴的東西」，像有名的酒莊及酒園出品的高檔貨，但義大利才有更多的「便宜好貨」，但這些便宜的好酒大都進到了識貨的義大利人肚子裡去，很少能夠外銷出口。

　　那麼，這些便宜的好酒要去哪裡找呢？我問羅貝托。這時，我們正坐在席恩那（Siena）的廣場上，附近剛好有一家品酒中心，我下午才去過那裡，而我手中也拿著《義大利葡萄酒地圖》這本書，但滿屋子不太熟悉的義大利文葡萄品種名及產地名的酒瓶，令我頭昏眼花，反而是看到大眾化、品質平平的奇揚第（Chianti）的稻草包大肚酒瓶時，還分外覺得親切。

　　《義大利葡萄酒地圖》上說，目前正在栽培的義大利葡萄品種就有一千多種，而較普遍的品種是山吉歐維西（Sangiovese）、崔比亞諾（Trebbiano）及馬爾瓦西亞（Malvasia）等。這三種葡萄品種都不是我所熟悉的，也正是義大利葡萄酒有異於法國葡萄酒之處。

　　義大利酒的優質酒區，以中部及北部為主，雖然藝大利南方及離島的酒品生產較多，但北部阿爾卑斯山麓一帶，卻生產不少優質酒，像有名的皮埃蒙特（Piedmont）及威尼托（Veneto），都出產優質的紅白葡萄酒。

　　至於台灣人所熟悉的托斯卡納地區（Toscana），也出產不少優質酒，尤其是布魯內諾（Brunello），一向被當成托斯卡納酒鄉的佳釀。

　　雖然不太懂義大利酒，但在品酒中心買酒也不難，只要知道義大利酒的品級分類從「IGT」（Indicazione Geografica Tipica）到「DOC」（Denominazione di Origine Controllata）再到「DOCG」（Denominazione di Origine Controllata et Garantita）即可。DOCG是較高級的酒，必須經過國家檢驗的品管控制，因此酒瓶上都貼有品管標誌。然而根據標誌買

酒雖不致買到很差的酒，但也不容易發現精品。而且，我在品酒中心看到的買酒人都是外國觀光客，本地的酒友去哪兒買酒呢？

跟著義大利友人去打酒

羅貝托告訴我，本地人買的好酒都是散裝酒。為了一盡地主之誼，羅貝托決定帶我尋訪托斯卡納的酒鄉，去和各處的小酒農買酒。

第二天上午，羅貝托到旅館接我，給我看他帶的一打綠色的細頸玻璃大酒瓶，原來買酒要自帶容器。這讓我立即回想到，小時候帶著鍋碗在街上向豆花擔、餛飩擔買東西吃的情景。

羅貝托向我解釋，他說托斯卡納人大都世代居此，即使自己不務農，也多少會有幾個有酒園的親戚朋友，有時還會有人送酒。而當哪個酒園做酒出名了，當地人就會蜂湧而至訂酒，有的熱門酒園的訂貨還要排上好幾年。

我在倫敦時，就曾喝過一瓶外子法文老師送的沒商標的酒，也是直接在小酒農處批來的散裝酒。當時那瓶酒的美好滋味一直記在我心中，這次我自己要去批散裝酒了，想起來格外興奮。

托斯卡納的酒鄉，散落在許多小小的山域之間，這裡的丘陵山坡起伏，景致優美柔和，有一種中世紀的牧歌情調。而走進任何一座小博物館，也都會看到一些中世紀的鄉村風光圖畫，和今日所見差異甚小，好像時光在此地停留靜止。

我們來到一家羅貝托熟悉的酒園，說是他叔叔的堂哥的什麼經營的，總之就是遠親，義大利人族譜的複雜並不輸中國人。這座小小的葡萄酒莊園叫做Tenuta Trerose，這裡的葡萄藤是綁在木樁上栽植，一列一列好像葡萄藤衛兵一般。酒園的人帶著羅貝托和我進入儲酒倉庫，在狹窄的通道中間，立了一桶一桶的橡木酒桶，一股潮濕的橡木味立即撲鼻而來，就像世界各地的酒庫該有的味道。

以前參觀酒庫都是四處瀏覽一番後，再進入試酒廳，品嘗不同酒款，然後決定要購買那一瓶。這回可不一樣，我看到酒園的人直接打開橡木桶上的水龍頭，灌酒進入羅貝托的細頸大酒瓶中，然後再倒入一點點橄欖油，這才塞進軟木塞。

我問羅貝托：「為什麼要放油？」他答說是為了阻隔葡萄酒和空氣的接觸。初級化學在此有了詩意的見證，油與水互不相容。

羅貝托的細頸大酒瓶，一瓶一瓶裝滿，我看每一大瓶至少都可再分裝成十來個正常葡萄酒瓶，不知他如何喝得完這麼多酒。羅貝托回答我，這些大瓶酒是他為兄弟、姊妹、阿姨、舅舅、鄰居等所採買的，每人分兩瓶。這又和台灣人上果菜市場買一箱一箱的批發水果，然後分送諸親友家一模一樣。

把酒運回車上後，我和羅貝托才有空閒坐在酒園的前廊上。酒園主人拿來一瓶沒有商標的葡萄酒瓶，切了一些火腿及起司款待我們。我們喝起酒來，果然是好酒，十分濃郁、帶果仁味的酒又順口又滑喉。

在近午的白花花陽光中，我們喝完一瓶酒，全身煥發著酒香。這樣的大瓶散裝酒，回家自己再分成一瓶一瓶，平均一小瓶不過台幣四、五十元，比在台灣買進口礦泉水還便宜。

羅貝托喝完酒，在微醺之下打了個小盹。他待會還要開車，是要養精蓄銳一番。我獨自在酒園中散步，看著葡萄藤盤錯交織在木椿上，葡萄已經成串掛在枝葉之間，我摘下一粒葡萄放在嘴中，十分酸澀，這樣的葡萄再二十天左右就要摘下來釀酒了──從葡萄到酒，不也是大地的煉金術嗎？

買散裝酒，特別讓人覺得買的就是「酒」，而不是商品。就像小時候送米去農家打石磨然後用手工製成的年糕，似乎永遠比後來在店裡買的年糕還要好吃。這種不經過商店的消費方式，特別有一種舊時光中人與吃食的親近感。托斯卡納這裡的人喜歡買散裝酒，為的不只是便宜，還有那種原始消費的樂趣。

里歐哈
酒蹤

里歐哈酒有種特殊的風味，特別敏感的人會說，酒中帶有一種海風的味道。也許因為這裡的酒區受到大西洋海風的潤澤，再加上里歐哈酒高地的地形以石灰岩為主，水質特別清澄，又帶有豐富的礦物質，再配上高品質的馬爾瓦西亞（Malvasia）葡萄種，共同營造出深沉而柔順的里歐哈酒。

我在倫敦時，常聽英國人談起西班牙酒時所流行的一種說法，即西班牙酒就像西班牙情人，初喝時很好喝，但喝多了卻讓人頭痛欲裂；並說西班牙酒最好在西班牙境內喝，還會覺得滋味豐富，只要離開西班牙，再喝到西班牙酒卻會覺得滋味不對勁。就像在西班牙旅行時，交了個西班牙情人，深深為對方著迷，怎麼看對方都順眼，但如果這個西班牙情人跟你回國，卻會變成一個大麻煩。

　　這兩種說法，也許正是英國人的理性碰上西班牙的感性所造成的結果，當然有其偏見，因為英國人一向認為越過庇里牛斯山就不是歐洲。而曾受過摩爾人統治八百年的西班牙，當地融合歐亞非所產生的文化，的確感性得像一團謎。

　　但西班牙酒是否真的像西班牙情人般不可預測呢？英國人的說法也不無幾分道理。有意思的是，西班牙的酒業，不管是北部的里歐哈酒（Rioja）或南部的雪莉酒，都是英國酒商扶植出來的產業，但是英國人的標準化管理在遇上西班牙人的隨性時，卻也無可奈何。

　　早年每喝西班牙酒，的確會有下口容易但後勁痛苦之感。像十多年前初遊西班牙時，最要命的就是一些餐廳所提供的「House Wine」（餐酒），起碼有一半的機率會喝到第二天早上頭痛的酒。而在西班牙境外買西班牙酒時，確實也容易在喝完後有頭痛的困擾。這些現象說明了當年不少西班牙酒是雜質太多的劣質酒。

　　但後來每隔幾年重遊西班牙，卻發現西班牙酒在進步中，越來越不容易遇到差勁的酒，尤其是一九九○年代後期，西班牙酒的水準大幅提高。因此西班牙日前流行一種說法，在西班牙，光看酒的年份是不行的，因為九○年代後出品的新酒，往往比七○、八○年代的老酒要好許多。

　　二○○一年的二月，我和外子到西班牙北部巴斯克（País Vasco）的首府畢爾包（Bilbao）一遊，除了遊覽當地有名的古根漢美術館外，也計畫前往里歐哈酒鄉。當我們住在畢爾包老城內一家很有品味的民宿

時，有一天竟然巧遇在法國波爾多研究葡萄酒的台灣人林裕森和他的朋友。民宿主人直說巧，他們很少接待台灣旅客，但沒想到小小的民宿一次卻來了四位台灣人。

由於時間匆促，我並無機會問他對西班牙酒的看法，我想他大概還是很愛法國酒的；像外子就一直認為波爾多的葡萄酒比起里歐哈酒，還是口感要豐富許多。

說起里歐哈酒的發展，和波爾多也有所關聯。雖說里歐哈酒區產酒的歷史悠久，從羅馬時代以前就有釀酒的傳統，在十二世紀時也開始往歐洲各地輸出酒品，但酒鄉地位並不特出。直到一八六三年後，因波爾多酒鄉遭遇蟲害，無法產酒，很多原本在波爾多的酒商大力進口里歐哈酒，並且到里歐哈酒投資酒業，從此才使得里歐哈酒成為重要的酒鄉。

里歐哈酒鄉，分為「上里歐哈酒」（Rioja Alta），指的是較北方高地的里歐哈酒，位於巴斯克境內，是最高級的產區。另外的「下里歐哈酒」（Rioja Baja），即南方平原低地的葡萄產品。雖然兩地種植面積差不多，但由於南方較溫暖，產量較大，在國外見到的里歐哈酒就比較常見低地區出品的酒款。

畢爾包的下酒菜

巴斯克料理是西班牙有名的美食，畢爾包的餐廳酒館也以其食物水準出名。今日不少西班牙名廚都以巴斯克菜揚名，而我在畢爾包時，的確吃到不少一流的名菜；尤其是畢爾包老城內，狹窄的中世紀巷弄中，在高高的古老石造建築中藏了不少上好的Tapas（下酒小菜）酒館。像有家酒館，專做有名的鮪魚小菜；獨沽鮪魚一味，菜色卻高達數十種，而且經常變化作法。

除了料理美味外，更驚奇的就是各家Tapas酒館的餐酒相當優良。畢爾包的餐廳所提供的餐酒就是以里歐哈酒產區為主，不像馬德里有些酒

館是用較便宜的拉曼查酒（La Mancha）。

　　我在畢爾包的Tapas酒館中喝到不少好喝的一般里歐哈酒，沒有一杯會讓我第二天有所不適，而酒價十分低廉，一杯紅酒不過台幣四、五十元，即使較好的「Rioja Reserva」（里歐哈酒珍藏酒），也不過六、七十元。

　　這種價錢的紅酒，在法國根本喝不到，而且近年來便宜的波爾多餐酒，有的品質更是連年降低，讓我更加覺得，在國際市場上，里歐哈酒迄今仍然被過分低估。法國波爾多與布根地的酒品，固然仍有頂級酒莊的天價酒撐場面，但一般成品卻恐被高估。離開畢爾包後，我們接著前往里歐哈酒有名的集散地哈羅（Haro），這裡有許多古老而知名的酒窖（Bodegas）像薩雷司（Carlos Serres）、慕嘎（Muga）等。

　　我們在酒莊中試酒，看到等級頗高的Gran Reserva，這種酒至少要存放在橡木桶內兩年，再加上瓶內三年的酒齡，竟然只賣台幣三百元，真覺得便宜又「大瓶」（瓶子的容量其實並不大），當場就想訂上幾瓶酒運回台灣，好供平日飲宴使用。

　　里歐哈酒有種特殊的風味，特別敏感的人會說，酒中帶有一種海風的味道。也許因為這裡的酒區受到大西洋海風的潤澤，再加上里歐哈酒高地的地形以石灰岩為主，水質特別清澄，又帶有豐富的礦物質，再配上高品質的馬爾瓦西亞（Malvasia）葡萄種，共同營造出深沉而柔順的里歐哈酒。

　　里歐哈酒的釀造，和波爾多酒最主要的差異在於，里歐哈酒藏放在古老的美國橡木桶中，不像波爾多酒是放在新橡木桶中，而且放置時間也較長。因此一般的里歐哈酒比起一般的波爾多酒會來得較為順口及渾厚，但波爾多酒卻較強烈和多果味，容易留下較深的印象，反之里歐哈酒比較需要細心體會。

　　我當然不敢說頂級的法國酒不好，卻真的覺得普遍常見的法國酒，絕對比不上同價的里歐哈酒。不曉得台灣酒商是否願意好好發掘西班牙

酒，讓台灣的酒友有更多的選擇。

　　西班牙酒的名譽已在逐漸恢復中。至於西班牙情人呢？我有個女友，曾交過西班牙及法國男友，據她說──西班牙男人比法國男人忠厚多了。

托卡伊酒
繁華如夢

托卡伊酒很甜，常被當成飯後甜酒飲用，也適合和蘋果派、起司蛋糕之類的糕點合用。喜歡托卡伊酒的人，總說這是世界上最好的白葡萄甜酒。

布達佩斯（Budapest）有許多葡萄酒館，都是小小的，有著深色的木門、木窗及深色玻璃，從外頭看不清楚裡面，只見裡面閃著水晶燈、吊燈或燭火的光芒，很是神祕。

　　我第一次坐在布達佩斯這樣的酒館內，是和好友麗拉和她的朋友約瑟夫一起去的。麗拉畢業於布達佩斯的李斯特音樂學院，後來到倫敦的愛樂交響樂團工作。我認識她時，她正在療養她受傷的頸椎骨，因此常來來回回布達佩斯、倫敦兩地。我在布達佩斯時，麗拉是我的嚮導，和她一起去了不少充滿她童年、青少年回憶的地方。

　　那一晚，麗拉請我和朋友去觀賞匈牙利的首席女高音（我忘了名字）演出歌劇。位於安卓斯（Andrassy）路上的匈牙利國家歌劇院，裡外都十分富麗堂皇，尤其內部錦緞大帷幕，金色的樓台包廂，深紅色的天鵝絨座椅，不輸我在米蘭去過的史卡拉歌劇院。

　　我們坐的位子是最好的座位，每人的票價竟然是五美元，比起我在史卡拉付的兩百美金，真是天壤之別。女高音的歌聲十分動人，聲音有點像卡那娃，只可惜年紀有點大了；麗拉說她生不逢時，演出的全盛期，剛好匈牙利都還未開放。

　　從劇場走出，麗拉的朋友約瑟夫建議大家到葡萄酒館再聊，他知道歌劇院旁有家很好的小酒館，有很好的「Tokaji Aszu」（托卡伊酒，阿蘇葡萄種）。

　　「Tokaji？」我問了約瑟夫如何拼音，開始滿心好奇，因為從沒聽過這種酒。約瑟夫卻是托卡伊酒的專家，真幸運，我想，今晚就當成試酒會了。

　　約瑟夫一邊為我們叫酒，一邊為我們解釋該酒的由來。托卡伊酒是世界三大貴腐菌葡萄酒之一。所謂的貴腐菌葡萄酒，指的是有些葡萄品種（如馬爾瓦西亞〔Malvasia〕、榭密雍〔Sémillon〕），在溫度及濕度稍高時，葡萄會因為水分蒸發，果皮變軟，表面會長出貴腐菌斑，而這種有貴腐菌斑附著的葡萄就叫作貴腐菌葡萄，這種葡萄的甜度較高，味

道也較濃縮。

托卡伊酒用的貴腐菌葡萄品種是馬爾瓦西亞品種，其所釀造出來的白葡萄酒，帶著一些棕色的金光，不像法國格雷夫（Graves）使用榭密雍品種所釀出的黃金色。在十八世紀時，托卡伊酒是法國皇室的御用酒，當時由榭密雍及白蘇維濃混合釀製的索甸甜白酒還未問世，只有托卡伊酒獨領風騷，因此被喻為「王者之酒——酒中之王」。

托卡伊酒最特別之處，就在於品等制。從酒瓶上會發現「Tokaji Aszu」之後有「Puttonyos」字樣，在這個字之前會有阿拉伯數字，如「Tokaji Aszu 4 Puttonyos」，或「Tokaji Aszu 6 Puttonyos」等等，Puttonyos的數字分成三至六級。

我請教約瑟夫這個「Puttonyos」為何義？他告訴我，托卡伊酒的特殊處即在於，每一百三十六公升的底酒中，要加入不同分量的阿蘇（Aszu）品種葡萄，而衡量多少公斤的阿蘇葡萄加入的準則，即是Puttonyos（單位筐，3筐糖份含量60g/L以上）。

托卡伊酒很甜，常被當成飯後甜酒飲用，也適合和蘋果派、起司蛋糕之類的糕點合用。喜歡托卡伊酒的人，總說這是世界上最好的白葡萄甜酒，但也有人（尤其是法國人）總認為索甸甜白酒更好、更珍貴。

約瑟夫當然是擁護托卡伊酒派的，他向我強調托卡伊酒的好處，我突然想到托卡伊酒和布達佩斯的命運很相似。當我第一次到布達佩斯時，十分驚訝這個城市昔日的繁華盛況，許多新藝術的建築美不勝收，但歲月的痕跡又歷歷在目。我從旅遊資料上得知，十九世紀的布達佩斯是世界五大都市之一，風華景致遠勝今日許多大都會。

但五十多年的共黨統治，布達佩斯就像容顏不再、但往日韻味十足的貴婦人一般，這個城市和城裡的人們，都有一種看過世面的滄桑，而他們所見的世面卻已經過了五十年、一百年了。

托卡伊酒如今是有點頹然的酒，而布達佩斯也是滄桑的老城，但布達佩斯是不服輸的沒落貴族，仍然堅持他們的酒及城市是最有味道的。

輕舟搖搖
波特酒

我看著當地觀光局的旅遊資料，發現竟然有杜羅河的葡萄酒鄉之旅。從杜羅河河口的波特港（Porto）出發，坐著小舟溯河而上，午餐在舟上吃沙丁魚、麵包搭配葡萄牙的綠色葡萄酒（Vinho Verde），餐後再喝波特酒。

葡萄牙的首都里斯本有許多葡萄酒專賣店，店面都開得小小的，大都布置成地窖的樣子。有的專賣店也真的有地窖，從狹窄的樓梯走下去，到一處冰冷、潮濕的洞穴內，裡面不見燈光，只有酒窖主人手中的手電筒閃著燐光。有一次我突然想到，自己這樣單身入店，一個異國女子，如果漂亮英俊的酒窖主人有任何不軌，恐怕也無人會知我在此，當時一陣寒意驟上肩頭。好在酒窖主人的心思全被酒庫攫住了，他選定一瓶陳年波特酒（Porto）後，便與我上樓。結束了我的胡思亂想，不知是幸或不幸？

　　這瓶陳年佳釀，已經滿布灰塵，酒窖主人拭去塵埃，露出一九六五年字樣。黑身的瓶子，白色的「Graham」（葛拉漢）字，有種古典的優雅。酒窖主人說這是個好年份的陳酒，不可多得，我問了價錢，咬著牙買下來。

　　我當然知道陳年波特酒的價錢，酒窖主人並未騙我，我到葡萄牙前，早就做過功課，知道葛拉漢這家酒廠的歷史及一些波特酒的典故。

　　波特酒，是英國人「發明」的葡萄牙酒。在英國喪失法國波爾多的領地後，也失去了波爾多葡萄酒的主控權；有些酒商決定另覓他地，重起爐灶，他們東看西看，最後選中葡萄牙北邊的杜羅河（Douro）一帶。

　　不過，杜羅河流域這裡的氣候風土，根本不像波爾多，當然釀不出波爾多式的紅酒。其所釀出的產品，是比較像雪莉酒（Sherry）的波特酒。雪莉酒和波特酒都是「加強酒精」（Fortified Wine）的酒，在製造過程中加入白蘭地以中止發酵。

　　波特酒中最高級的是「年份波特酒」（Vintage Porto）。這種酒採用葡萄豐收當年的酒，先經兩年的熱化貯存後裝瓶，再在瓶中繼續貯存熱化十年才上市；這種陳年佳釀，可存放瓶中達五十年以上。

全世界最受歡迎的餐後酒

波特酒的作法並不難，世界各國都有仿冒品，但只有葡萄牙北部杜羅河流域出產的波特酒，才可叫「Porto」，而且葡萄牙還有波特酒協會，專門負責品質檢查。由於有英國風的傳統，造成許多波特酒的名廠，迄今仍打著百年的英式招牌，如有名的葛拉漢、泰勒（Taylor）等，從商標名就可看出英人本色。

波特酒存放越久越好喝，我喝過一瓶三十年的波特酒，真是瓊漿玉液，入口的豐厚潤滑之感，至今仍未遺忘。有人說波特酒是最適合讓後代繼承的酒，一位四、五十歲的父親，買下一瓶可放五十年的波特美酒，留給子女在身後享用，這樣的美意，不知子女是否能懂？

波特酒和雪莉酒相反，比較適合在飯後飲用，是全世界最受歡迎的餐後酒，尤其法國人最愛在餐後來上一杯。我還沒到葡萄牙之前，就是在法國的餐館中，最常喝到波特酒。

在里斯本玩了幾天後，意猶未盡，決定乾脆往北去探探波特酒的故鄉。我在倫敦認識一位會說中文的英國影評人阿禮（經常向老外引介台灣、中國的電影），就大力向我推薦葡萄牙的北部地區，說那裡的鄉村景色美不勝收。

我在世界各國旅行時，都不願意錯過各地的酒鄉，因為酒鄉一定是風景優美、水質良好、空氣純淨之地。其實不只威士忌的生命之水，所有的酒，都可以測驗一個地方的生命之水是否良好。

我看著當地觀光局的旅遊資料，發現竟然有杜羅河的葡萄酒鄉之旅。從杜羅河河口的波特港（Porto）出發，坐著小舟溯河而上，午餐在舟上吃沙丁魚、麵包搭配葡萄牙的綠色葡萄酒（Vinho Verde），餐後再喝波特酒。

我搭乘夜車北上，在清晨薄霧中抵達波特港，立即喜歡上這個河口城。找了一個可以眺望港口的旅館後，在碼頭一帶散步，果然看到不少

貨倉上都有著「Porto」的字樣。

當天晚上，吃了一頓有名的醃鱈魚乾（Bacalao）料理。據說葡萄牙食譜上有五百種醃鱈魚乾的作法；醃鱈魚乾因葡萄牙人的遠征帶到了東方，今天北海道的醃鱈魚乾及廣東人的醃魚乾都受其影響。

第二天我去參加波特酒鄉的舟旅，葡萄牙北方的鄉村有種獨特的優雅樸素感，這裡的人羞赧有禮，農舍雅緻簡單，我立即愛上此地的環境，真想在這裡擁有一座小農舍。

除了參觀葡萄園外，當然也走訪波特酒的酒廠。看到當地為了將傳統的釀酒法展示給觀光客看，還用雙腳踩碎葡萄，真的有點……還好，現在絕大部分的酒廠都採用機器作業了。

我在酒廠選購一些較便宜的波特酒，畢竟陳年佳釀只能偶爾買買，當成投資或繼承（或純粹為了愛自己）。平常飲用的波特酒，有酒桶貯存十年的「Old Tawny」（陳年），或是「Late Bottled Vintage Porto」（年份波特酒）。

還有更便宜的白波特酒（White Porto）及紅寶石波特酒（Ruby Porto）。這兩種酒冰涼過風味較好，很多人喜歡用這種便宜的波特酒做菜，像有名的里斯本牛排，就會灑上波特酒。我在澳門旅行時，常看到一些菜名寫著「砵酒」什麼的，這個砵酒就是「Porto」。

回台灣後，發現喝波特酒的風潮並未傳至本地，酒友中很少人喝，因此家中一瓶放了快三十年的波特酒一直沒開（總要開給識貨的人吧！）。希望能早日遇到知味酒友，一起選個好日子，共飲美酒度過美好的夜晚。

納帕酒
新天地

有一段時間，我常往納帕跑，特別喜歡那裡一家也叫「Napa」的義式手工麵包坊。納帕的風情近似托斯卡納，可能和北義移民不少有關，但因為歷史短，不過一百多年，不像托斯卡納已經上千年，因此我和朋友常戲說納帕像托斯卡納的電影場景。因為常到納帕，因此也會開著車到處逛酒莊，順便也品嘗、購買納帕的酒。

在酒瓶上用葡萄種的名稱做酒商標，這可是美國納帕（Napa）酒鄉興起的風潮。為何如此？這和納帕的風土有關。納帕山谷不大，但山坡起伏，地形變化大，再加上舊金山一天有四季變化，使得緊鄰兩塊地的風土都可能有所不同。有些酒專家說，納帕山谷的氣候條件幾乎可以種植世界上各種的葡萄。此話真不誇張，納帕酒鄉真的以種植多種葡萄聞名。

　　除了風土外，人文因素也是造成納帕酒鄉種植的葡萄種類豐富的原因。因為美國是年輕的國家，酒鄉資淺，不少酒農都是來自其他國家的移民，對於早年在本國種植的葡萄品種自然有所偏愛，而因為不同的葡萄品種有不同的栽培需要，自然而然會尋找適合的土地來種植。

　　如今，納帕酒品的商標上，到處可看到如夏多內（Chardonnay）、金粉黛（Zinfendal）、黑皮諾（Pinot Noir）、卡本內蘇維濃（Cabernet Sauvignon）、麗絲琳（Riesling）等的葡萄品種名稱，和歐陸還標榜酒區、酒莊、酒堡的作法十分不同。像法國布根地的夏布利（Chablis）白酒，不須註明，悠久的傳統早使顧客知道其所採用的一定是夏多內葡萄。而波爾多的紅酒，只標有酒堡名稱，完全不必強調是卡本內蘇維濃葡萄品種。

　　強調葡萄品種在納帕蔚為風潮後，一些新興酒區，如南澳、智利也開始跟進。一時之間，葡萄種名在許多美澳的雅痞餐館的酒單之間跳躍，此等現象可讓一向自認執世界酒業老大的法國酒人看不順眼。我就曾讀過法國的一篇文章在諷刺這個現象，說這些把葡萄種名掛在嘴上的人，喝的是原料，而不是造酒的藝術。

　　但強調葡萄種名，的確會使人特別注意不同葡萄的風味，好像只要在一瓶酒中喝到道地的夏多內或金粉黛葡萄的口味，就輕易滿足了，反而忽略這些表面的風味底下的含蘊。

　　在舊金山小住時，我認識一對雅痞夫婦，當時他們在納帕山谷買了一個小小的酒園，大做其浪漫的現代酒農夢想。有一段時間，我常往納

帕跑，特別喜歡那裡一家也叫「Napa」的義式手工麵包坊。納帕的風情近似托斯卡納，可能和北義移民不少有關，但因為歷史短，不過一百多年，不像托斯卡納已經上千年，因此我和朋友常戲說納帕像托斯卡納的電影場景。因為常到納帕，因此也會開著車到處逛酒莊，順便也品嘗、購買納帕的酒。

納帕酒的評價並不差。尤其一九七六年有一家叫鹿躍酒莊（Stag's Leap）的酒，在法國的評酒大賽中獲得首獎，打敗許多法國名門系酒，一時轟動酒林。那時納帕酒還索價不高，更讓人覺得物美價廉。但隨著納帕聲譽日揚，納帕的酒價也逐年上漲，如今高檔的納帕酒也並不便宜。

我有些酒友，喝紅白酒絕不喝法國之外的產區，總是堅持法國最正宗。但我的玩心重，各國酒都愛嘗試，偶爾喝到好的加州、南澳、智利或保加利亞酒時，都會自鳴得意，覺得發現了酒的新天地。而酒是很奇怪的東西，有時真的能反應種植及釀造地區的氣質和民族性格，像同樣是用夏多內葡萄釀造的酒，加州的就比較明朗率直，而法國布根地的就含蓄、微妙。

酒和食物的搭配，如琴瑟，一定要合鳴，不能像鑼鼓，各自敲打。加州酒配清淡的加州菜，十分合宜，若用法國波爾多紅酒配加州菜，就會覺得酒十分喧賓奪主，搶盡了食物的原味。

納帕是很值得遊覽的地方，那裡的酒莊主人總是比歐陸的主人來得親切爽朗。很多此地的酒人都穿著運動衫、牛仔褲相迎，不像歐陸酒莊一律紳士淑女風範。納帕有不少酒坊，賣酒兼賣各式起司、麵包、沙拉、小菜等小點。坐在露天的陽台上，微風吹拂，看著青翠山谷丘陵起伏，聞著海灣飄來的霧的氣味，然後叫幾杯酒淺酌輕飲，十分悠閒愉悅，和一般的美式生活大不相同。

我在舊金山的雅痞朋友們，許多人的夢想都是在納帕擁有個小酒園，讓雙腳能踏在潮濕的土地上，雙手可以親摘飽滿成熟的葡萄。這樣

的夢想，隨著年事漸長，我就越加心有戚戚焉，我們這些現代人，體內殘餘的遠古農夫的基因，似乎又在體內蠢蠢欲動了。

　　有回我到苗栗南庄一帶遊玩，就一直問當地老農那裡是否可種葡萄，老農答可。也許他日或可租買一農地，築一小葡萄園，種幾棵橄欖樹，閒來釀造酒汁，這樣的幻想，竟成為中年後最大的嚮往。

既是醒著，
也是醉著

她的世界不只在酒杯裡，還在酒杯外的餐桌，餐桌旁的面孔，面孔後的風景，風景裡的聲音和氣味。她的每一杯酒都有土地和人情的故事，是對彼時的眷戀、也是對此刻的珍惜。

秋日午後，良露姊和朱利安老師坐在吧台的位置，靜靜的閱讀；我和同事採訪工作結束後，喝著老闆Honey手沖的咖啡。光陰在「布拉格咖啡館」是靜止的，每個人在鋼琴聲中遁入自己的世界，是自在的。良露姊突然站起來，說著她要去「珠寶盒」買一些點心，說著那裡的烤布丁極好，她問吧台裡的Honey和Wendia要不要，也順道問了坐在旁邊桌的我們要不要……只要有良露姊在的地方，她總是女主人，不管緣分是深是淺，她都會看顧。那個午後的陽光，就此停格。

十年前，無意中翻到良露姊姊在馬可孛羅出版的《微醺》，當時就像拾獲一本魔法書般欣喜，每讀一篇文章就看到一個新世界，西班牙格拉那達古城的光線、阿貝辛吉普賽區迷亂人心的巷弄、還有熱熱的Sangria的香氣從書頁竄出。當時看到如此活色生香的酒書非常興奮，因為在眾多教人如何品酒或是酒區指南書海裡，唯獨良露姊的《微醺》讓人在酒杯裡看見遠方的模樣、品飲者的表情、地方的風味，她的世界不只在酒杯裡，還在酒杯外的餐桌，餐桌旁的面孔，面孔後的風景，風景裡的聲音和氣味。她的每一杯酒都有土地和人情的故事，是對彼時的眷戀、也是對此刻的珍惜。

循著她指點的酒香線索，這十年我品飲從熱帶到寒帶乃至於極地的酒，每到一個陌生的地點，總會探詢在地的酒吧、品飲最庶民的酒款。對我來說，喝在地人最常喝的酒是最快接地氣的方式。

在巴西薩爾瓦多的酒吧裡喝著Cachaça*看著足球賽、在土耳其當然要點杯Raki（茴香酒）配著戲劇張力不下於寶萊塢的連續劇、在祕魯則一路從太平洋畔喝著Pisco Sour*到馬丘比丘。酒精放大了感知能力、催化著融入在地的速度。隨著里程的增加、時光的累積，偏好的酒款與滋味亦漸漸改變，曾經喜愛Tequila Sunrise的女孩，現在迷戀單純的琴酒；

曾經熱切想喝遍世界各地啤酒的想望，現在則漸漸收斂，反倒偏好泥煤味極重的威士忌。心儀的滋味從剎那的燦爛轉變成漫長的香醇，在回味酒香時伴隨的是對一些人、一些事的記憶，而良露姊澄澈的眼睛、聊到酒和食物興奮的表情，常在微醺時憶起。

酒，突破了時空，讓我們一起微醺；在杯光交錯中，跟她說著近日在台北工業區喝到極佳的手工啤酒、跟她聊著原住民朋友釀的小米酒已到了非常卓越的程度、分享著朋友釀製梅酒的清甜滋味。就像電影《海街日記》的女孩們，倒一杯酒，就把心事也倒了出來。

十年後再讀大辣出版社重新編輯的《一起，微醺》，依舊醺醺然。不同於過往著迷於良露姊周遊列國所分享的異國情調，現在更動容於她在家裡試圖複製與創造旅途新滋味的用心，諸如把薰衣草放到蒸餾酒中泡製、把山藥露和抹茶一起做成清冰、吃著串燒配著自己釀的梅酒。這仍然是一本魔法書，一邊點醒讀者對生活的感知能力、一邊引領讀者沉醉於不同時空。

是夢、是醒、是醉、是迷，是微醺。

黃麗如｜《酒途的告白》作者、資深旅遊記者

* Cachaça（卡夏莎），巴西的國飲，也是巴西版的Rum（藍姆酒）。Cachaça與Rum的差別，雖然都是甘蔗釀製的酒，Cachaça採用的是甘蔗第一次榨取未經提煉的汁液所釀成；而Rum是以甘蔗糖料為原料，經原料處理、酒精發酵、蒸餾取酒，有些會入橡木桶陳釀後形成的具有特殊色、香、味的蒸餾酒。口感上Cachaça比Rum粗獷，Rum喝起來比較細膩。

* Pisco Sour：祕魯Pisco是以限定葡萄品種發酵蒸餾而成的烈酒，過程中無添加物，連水也不行。祕魯官方已經將Pisco和Pisco Sour列為文化資產，訂定了Pisco的製作規範。

part.5

我不在酒吧，就是前往酒吧的路上

倫敦喝麥酒爬酒館｜馬德里酗酒館｜塞維亞的酒館
南加州的夏日酒｜東京一夜燒酎｜上海醉眼朦朧酒吧｜戀戀酒館

我在倫敦時，交了一個西班牙好友叫瑞美，曾經是我在倫敦「爬酒館」（Pub Crawl）時的好搭檔。她一直叫我下回到西班牙旅行時，不要老把馬德里當過境，每次都只停留兩三天，應該至少花上兩個星期，好好征討一下馬德里各處的酒館。

西班牙上酒館的時間可以在任何時間，從早餐開始叫小酒吃小菜，到深夜續杯填肚，Tapas酒館永遠方便。不少人在晚餐前，流行先到Tapas酒館喝小酒吃小菜解饞、開胃，也有人乾脆整晚吃上七、八家，就以小碟菜當正餐吃。

倫敦喝麥酒
爬酒館

爬酒館最有趣之處，是在爬最後幾家酒館時，帶著一點微醺走出酒館，夜涼如水，滿天繁星，晚風徐徐吹拂，會突然有種奇特的清明和興奮，有時就會在路邊坐了下來，充滿幸福感。

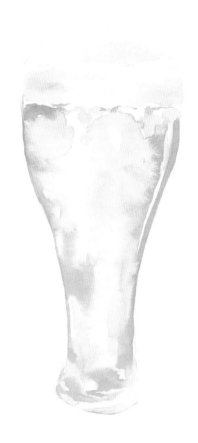

沒去倫敦之前，我是標準啤酒「Lager」的信徒。「Lager啤酒」，通常被認為是德國式的啤酒，原因是在西元十五世紀末，慕尼黑的啤酒商為了解決啤酒長期貯存的問題，發明了不同於一般市面上有的「上面發酵法」的啤酒，改採「下面發酵法」，讓啤酒以低溫慢慢發酵，這種新式啤酒就被稱為「Lager」。而今日德國式啤酒Lager，已成為全世界最風行的啤酒製造法。

　　Lager啤酒性質穩定，最適合裝瓶行銷世界各地，因此一般人熟悉的名牌啤酒，不管是海尼根（Heineken）、庫爾斯（Coors）、嘉士伯（Carlsberg）都是Lager產品。這種啤酒清涼有勁，不同品牌的口味差異不大，是標準的以大麥、啤酒花和水製造而成的，最適合被當成日常飲料使用。

　　我一直是Lager的信徒，尤其著迷於法國作家所說的「啤酒第一口的滋味」。每一杯的Lager，都是從初入口的新鮮、涼爽、順口開始，但確實在半杯之後就會逐漸失去滋味。

　　到了倫敦後，家門前三步遠處，就有一家知名的酒館，門口掛著「Real Ale House」（真麥酒酒館）的招牌，讓我十分好奇，因此定居後第二天就上門叫了杯「Ale」（麥酒）來喝。

　　第一次的Ale經驗，並沒有Lager的那種第一口難忘的滋味，口味有點苦，酒也不冰涼，帶著室溫的溫度，也沒什麼泡沫，基本上的感覺就是奇怪。

　　喝過了麥酒，好雜學的我，立即上書店去買了一本談麥酒的書。才知道所謂的「真麥酒」（Real Ale），指的是用最好的天然材料（大麥去芽、酵母、啤酒花、水），不經過人工方式殺菌、過濾、冷卻、添加碳酸，而採以傳統的「上面發酵法」，以手工釀製成的啤酒。

　　英國的麥酒種類很多，味道也大有不同，根據一本英國的啤酒聖經——《好啤酒指南》（Good Beer Guide）所說，英國的真麥酒至少有幾百種風味迥異的口味，完全由店家自行調製，因此有的麥酒較苦，有的

顏色較褐或較黑，有的味道較強；根據這些不同的風味，英國的麥酒可粗分為幾種類型，像「Bitter」（苦啤酒）、「Stout」（烈啤酒）、「Porter」（黑啤酒）、「Brown Ale」（褐麥酒）、「Strong Ale」（烈麥酒）等。

「Bitter」是最流行的麥酒，由於未冰鎮過，因此在夏天喝時，格外覺得酒有點溫溫的，有些人就取名為「溫啤酒」。這種溫啤酒，剛開始喝時會覺得很像英國人典型的個性──有點溫吞；繼續喝下去後，卻又會覺得味道豐富──這也像和英國人長期交往後的感覺。

英國人把酒館叫「Pub」，是公共之家「Public House」的縮寫。常有人笑說，英國人的家是城堡，護衛森嚴，很少讓別人越雷池而入，典型的英國人不愛請人到自己家裡來玩。我在倫敦數年的經驗也是如此，雖然去過不少所謂的「英國人」家中拜訪，後來發現大都是大不列顛王國中的愛爾蘭人、蘇格蘭人、威爾斯人。

英國人喜歡在Pub中會友，因為是公共之家，大家都有做主人的感覺，因此平常不太請客的英國人，在Pub中卻流行輪流買酒，譬如說三人聚在一起，三個人分別買一次酒，就等於每個人喝了三杯酒；但如果是七、八個人聚會時，較不可能每人輪一次，被請的人就必須在自己心中記上一筆，下回要記得回請。

通常在英國Pub中，不會說要叫一杯酒，而是說「a pint of」（一品脫），或「half pint of」（半品脫）。由於一加侖約八、九品脫，英國人便發明了一種拚酒遊戲，通常是找定一個區域，在那區域中選上幾家酒館，每一家喝一品脫，一個晚上走完全程，剛好喝一加侖。

這種拚酒遊戲，叫「Pub Crawl」（爬酒館），顧名思義，喝完全程之後，恐怕只能在地上爬了。

我曾和朋友參加過幾次「爬酒館」。選定的區域，是沿著倫敦市內泰晤士河的酒館；每家都喝上一品脫，我當然沒那麼好酒量，因此決定「Cheat」（作弊）一下，每家改喝半品脫，全程下來是半加侖。

親身體驗之後，才知道這種拚酒方式並不那麼容易喝醉，因為每喝完一家後，從熱哄哄的酒館走出去，被街上的冷風一次，腦子就清醒了半分，再加上酒館即使很近，也要走個五分鐘左右，酒精因而有較長的揮發空間。

爬酒館最有趣之處，是在爬最後幾家酒館時，帶著一點微醺走出酒館，夜涼如水，滿天繁星，晚風徐徐吹拂，會突然有種奇特的清明和興奮，有時就會在路邊坐了下來，充滿幸福感。

平常，我最喜歡上Pub的時間是下午三、四點。我發現這段時間是Pub人最少的時候，午間客人已散，傍晚的客人還未下班，這時候的酒館特別悠閒安靜。我的住處離諾丁山丘不遠，那裡有些鄉村風格的酒館，從秋天開始，室內就會燃上一爐篝火，在壁爐旁總會有空著的搖椅或沙發，我常常蜷縮在那兒，叫上一杯溫麥酒，開始沉浸在推理小說的世界中。

麥酒的最大好處是耐喝，第一口的滋味和最後一口的滋味不會差太多，可以一邊看書，一邊細細品嘗麥酒的香味和苦味，不像Lager最好趁著泡沫新鮮時一口氣喝完，否則一旦擺久，滋味就不對了。

我的英國朋友麥可說，Ale是要用心細細體會的酒，而Lager是要及早把握好時光的酒。今日世人多偏好Lager，不也反映出當代人的生命態度嗎？

馬德里
酗酒館

西班牙人上酒館，有種特殊的風氣，即喜歡朋友三五成群，選定一個區域，在每家酒館分食該店的拿手Tapas，然後再換一家酒館嘗新。這樣一家換過一家，有時一晚下來可以去上五、六家或八、九家酒館。一路上眾人談談笑笑，又可齊聲討論不同酒館自釀啤酒的高明程度及下酒菜的口味，這種換酒館玩的活動，還有個專門名詞叫「Tapeando」。

根據一九九六年的一項統計，光是馬德里一地就有一萬三千家酒館，由此可見，西班牙人酗酒館的激情程度。

　　我在倫敦時，交了一個西班牙好友叫瑞美，曾經是我在倫敦「爬酒館」（Pub Crawl）時的好搭檔。她一直叫我下回到西班牙旅行時，不要老把馬德里當過境，每次都只停留兩三天，應該至少花上兩個星期，好好征討一下馬德里各處的酒館。

　　西班牙人上酒館，有種特殊的風氣，即喜歡朋友三五成群，選定一個區域，在每家酒館分食該店的拿手Tapas（下酒菜），然後再換一家酒館嘗新。這樣一家換過一家，有時一晚下來可以去上五、六家或八、九家酒館。一路上眾人談談笑笑，又可齊聲討論不同酒館自釀啤酒的高明程度及下酒菜的口味，這種換酒館玩的活動，還有個專門名詞叫「Tapeando」。

　　瑞美一直說Tapeando比Pub Crawl好玩太多了。Pub Crawl只是不斷換啤酒館喝啤酒，可以吃的零食不過是洋芋片，但Tapeando卻一直有各種下酒小菜好吃，可從炸花枝吃到釀蘑菇，胃口好的，一個晚上可以分食到三、四十種小食。我跟瑞美說這種吃喝法比較像中國人，像愛在小攤上喝啤酒配黑白切的吃法，也可以切上七、八盤，或者像有人在夜市換攤吃喝，一攤過一攤。

　　二十一世紀的第一個月，我決定再來一趟西班牙之旅。外子由於學過西班牙文和法文，因此在歐洲諸國中，對法、西兩國一直特別偏愛；他因為平日少有機會練習這兩種語言，就特別喜歡在旅行時實地演練。我也很高興能有人隨行當口譯，讓我在英文派不上用場時，仍能較深入和當地人來往溝通。

　　瑞美幫我們在馬德里的老區聖安娜區（Santa Ana）租了一間公寓。聖安娜區是馬德里市內有名的波西米亞區，從十六世紀中葉開始，就一直吸引文人雅士聚集。例如寫《唐吉訶德》的塞萬提斯，以及可說是西班牙的莎士比亞——婁培・德・維嘉（Lope de Vega）等人都曾住過這一

區。這裡也保存不少的歷史建築；十七世紀的老建築，原本破舊不堪，但從一九八〇年代開始受到市政府的重視而進行古蹟維護，如今成為馬德里最有風華的區域。

聖安娜區本來就以Tapas酒館的聚集知名。這些酒館都位於老建築中，充滿懷舊的風情，其中有一家叫日耳曼（Alemana）的啤酒館，從一九〇四年就開張經營迄今；這裡早年以鬥牛士聚集聞名，後來因海明威的大力推薦而舉世皆知。

日耳曼啤酒館位於聖安娜廣場（Plaza Santa Ana）；這一長方廣場上就有七、八家酒館，而附近的老式巷弄中又處處是酒館。我的公寓就在附近的塞萬提斯巷中，每天從不同的巷道進出，光是我隨意路經，心中數數，這一帶恐怕就有三百多家酒館，這個數目字實在驚人。好在每一家酒館的空間都不大，每一家擠上數十人就很擁擠了，但每一家酒館的人一加，光這一區，每一晚少說也有數千人出入。怪不得許多人都說，西班牙人的全民運動，可能不是看鬥牛，而是晚上的逛酒館。

我住的塞萬提斯巷旁邊，有另一條巷子就叫婁培·德·維嘉巷。讀過西班牙文學的外子告訴我，這兩個當年一樣有名的西班牙文學家，在世時卻是死敵；當年維嘉的筆譽略勝塞萬提斯（Miguel de Cervantes），但兩人死後，塞萬提斯的名聲卻越來越大，如今世界知名，維嘉卻遠遠落後。最可笑的是，後人在替巷道命名時，不知是玩笑還是疏忽，竟然把維嘉宅邸所在的那一條巷道，命名為塞萬提斯巷，真是叫他情何以堪。只希望兩人如今在天堂已經盡釋前嫌了。

夜夜買酒尋歡

我和外子兩人訂下日夜不同的行程：白天兩人很上進，公寓離普拉多美術館（El Prado Museum）及新開幕的狄森-伯內米莎美術館（Thyssen-Bornemisza Museum）都只要十來分鐘步行的距離，因此兩人

白天要不是到美術館博覽群畫，盡心觀賞西班牙大畫家哥雅（Goya）、艾爾奎可（El Greco）、維拉奎斯（Velazquze）、穆里歐（Murillo）等人的畫作，要不就逛書店、圖書館，去找尋西班牙文化的相關資料。白天如此好學的我們，晚上卻翻身做酒徒，夜夜買酒尋歡。

瑞美為一盡地主之誼，我們剛到的幾天，她天天私人導遊，領著我們去一些她眼中城內最棒的酒館。通常她都還會約上不同的朋友，和我們在不同的酒館見面。西班牙人有個本事叫「自來熟」，人與人之間不需太多客套禮貌，管他熟人陌生人，見面自然會找話講，寒暄幾句，很容易把初識變成老友般熟絡。

馬德里的酒館，依區域不同，各有其地域風情。像主廣場（Plaza Mayor）及太陽門一帶的酒館，出入的多半是年輕人，也有不少觀光客酒館十分擁擠，因此氣氛很熱鬧。而莎拉曼卡區（Salamanca）一帶是高級住宅區，那裡的酒館則多是高薪雅痞人士出沒，因此Tapas做得特別精緻。另外的拉司脫區（Rastro）則以勞工階級居多，這裡的馬德里人據說比較土氣，而有其獨特的文化及口音，頗似倫敦東邊的考克尼（Cockney）；本區的下酒菜口味較傳統，可吃到不少鄉土菜，價錢十分低廉，兩杯酒再加三兩碟小菜，有時不到台幣兩百。

太陽門北邊的裘耶卡區（Chueca），是馬德里有名的同志區，有好幾家同志酒館，而逛酒館的人有不少是醉翁之意不在酒，當然也不在下酒小菜了。至於以酒館聚集聞名的聖安娜區，這裡的酒館氣氛、口味均是一流，有不少名店都以自釀啤酒出名，下酒小菜也標榜創意，有幾家還以西班牙美食大本營的巴斯克料理為主。此外，馬德里這幾年十分流行喝愛爾蘭黑啤酒，聖安娜區及其附近的花園市場區（Huertas），開了不少以黑啤酒聞名的Tapas酒館。

我在馬德里逛了這幾區的酒館後，最喜歡的還是公寓附近的聖安娜區及花園市場區的酒館。此處出沒的人比較波西米亞，不少搞電影的、秀音樂的、玩設計的人物，都有自家圈內人氣氛的酒館。

西班牙上酒館的時間可以在任何時間，從早餐開始叫小酒吃小菜，到深夜續杯填肚，Tapas酒館永遠方便。不過，熱門的時段是晚上八點到凌晨兩點。西班牙晚餐時間很晚（一般是九點才開始），馬德里尤其晚，晚餐常常拖到深夜十點以後。奇怪的是，不少人在晚餐前，流行先到Tapas酒館喝小酒吃小菜解饞、開胃，也有人乾脆整晚吃上七、八家，就以小碟菜當正餐吃。而在不同家酒館時，都會叫酒喝，因此一晚上下來喝的酒也十分驚人。

Tapas酒館裡的酒價便宜得驚人，一杯正常分量的普通紅白酒或啤酒，如果站在吧台前喝，常常只收台幣三、四十元，即使喝等級較高的雪莉酒或瑞歐哈酒，也不過一杯五、六十元。除了正常杯外，為了顧及酒量及貪杯的客人，一般酒館都會賣迷你杯的酒，大約七十五毫升左右，方便客人叫不同的酒喝。我最喜歡叫迷你杯，可以不斷換喝不同的酒。

西班牙雖然酗酒館，但卻很少看見街上有喝醉的人。不像日本或英國，每到入夜酒館打烊後，街上常常看見醉得東倒西歪的酒客。除了因為配菜吃得多外，西班牙人一面喝酒，一面談笑，可能較有助於酒精的揮發，再加上不斷換酒館，在路上走來走去，更容易讓酒精分段清醒。

有一個周五晚上，瑞美執意要帶我們見識馬德里酗夜生活的瘋狂勁，先是從晚上九點多在莎拉曼卡區逛了七、八家Tapas酒館，吃喝到一點多，之後又去Disco。因為是冬天，Disco只能在屋裡跳，若是在夏天，則流行在街上跳露天Disco。在Disco裡運動兩三小時後，再到太陽門附近，吃上一杯「濃巧克力配西班牙油條」（Chocolate con Churros）。補充完熱量後，有人還可再回Disco，還有人則去飆車；有一陣子馬德里夜客，流行深夜從馬德里飆高速公路到瓦倫西亞（Valencia）。那一陣子，馬德里也大肆宣揚「喝酒不開車，開車不喝酒」的警語。

只要參加過一次馬德里夜遊的人，自然就會對西班牙導演阿莫多瓦

電影中各種角色的瘋狂行徑不再訝異。至於我和外子，在參加過一次夜遊後，就決定此生只要有這一次經驗就足夠了。

我們在吃完油條配巧克力後，返回租賃的公寓倒頭就睡。睡到第二天中午起來時，想的竟然還是上Tapas酒館隨便吃喝一番。原來，我們已經在不知不覺中，染上西班牙人酗酒館的習慣了。

塞維亞的
酒館

這裡的Tapas酒館，流行以「Bodegas」命名，即古老酒莊之意。有的酒館，室內也真的擺著古老深黑色的大木桶，有的酒保還會打扮成老式雪莉酒保的樣子，穿著無袖的黑上衣，為客人添酒。

我到塞維亞（Seville）時，正是滿城橘樹結果之時。整城數萬棵的行道橘樹，都結滿纍纍的黃色果實，映照著綠色的橘葉，美麗非凡，讓人禁不住內心雀躍起來。看到城市中充滿這些充滿生命力的果樹，讓人覺得塞維亞真是奇蹟之地。以前的阿拉伯詩人就常歌頌這裡是奇蹟的土地，還有人說這裡的小鳥可能都會流奶汁。

　　塞維亞迄今仍然保存著極為悠閒的生活情調，黃昏時街上盛裝「Paseo」（逛街）的人，都是全家出動，老人相互攙扶，中年人攜手，年輕人比行頭，小孩蹓著滑板車，逛個一小時後，再紛紛上酒館。

　　這裡的Tapas酒館，流行以「Bodegas」命名，即古老酒莊之意。有的酒館，室內也真的擺著古老深黑色的大木桶，有的酒保還會打扮成老式雪莉酒保的樣子，穿著無袖的黑上衣，為客人添酒。

　　我第一次看到這種打扮的酒保，是在離塞維亞一小時車程的海萊士的酒鄉看到的。我們在參觀山德曼（Sandeman）酒廠時，即看到穿著無袖黑上衣的酒保，拿著一公尺長的鯨骨長勺，頂端還有一個銀質的小杯，從陳年的雪莉酒桶中，在不破壞酒表面的酒花（Flower）薄膜，勺出底部的澄清酒液。

　　雪莉酒的釀造，十分特別，永遠是老酒加新酒；為了保持品質穩定，在橡木桶上都會用粉筆寫有像「1/456」、「1/528」等數字，指的就是當初該年份製造的酒有多少桶。如「1/456」即指四百五十六桶中的一桶，因此從一桶中勺出多少的量再加上不同年份的多少的量，可以年年造出較接近的酒。

　　雪莉酒沉寂過一陣子，最近幾年又有捲土重來之勢。我在塞維亞的酒館中，就發現點用雪莉酒的人，比我上回來訪時多，也許因為一九九〇年代的西班牙經濟表現不錯，因此一般而言，比一般的酒貴一些的雪莉酒，如今可以負擔的人也較多了。

　　喝雪莉酒，最適合搭配的是一種西班牙獨特的風乾火腿，尤其是等級最高的「Jamon Iberica」（伊比利火腿）。這種風乾火腿必須用安達

露西亞省高山放養的土豬的後腿肉，用橡樹果加鹽為醃料，要每個月都揉搓一次上料，吊起來滴油風乾，兩年後才可食用，而最高級的陳年腿是六年份。

第一次來西班牙時，我就愛上了「Jamon Serrano」，這種火腿比較像義大利聞名於世的帕爾瑪火腿（Parma Ham），適合佐配哈密瓜、無花果或夾麵包吃。至於兩者相比較，雖然西班牙人不見得同意，但我認為帕爾瑪火腿比Jamon Serrano還高一等，而帕爾瑪火腿則實在比不上Jamon Iberica，不過恐怕這一點義大利人和西班牙人有得爭。Jamon Iberica價格十分高昂，因此總是現買現切，用一個木頭製的鋼架擺放著陳年火腿，再用鋒利無比的長刀，像削紙片般地削下薄薄一片又一片的風乾火腿。

看火腿師傅削肉，就跟看生魚片師傅切生魚一樣，一流的切工才切得出好材料，因此Tapas酒館的師傅，在切風乾火腿時絕不多語，總是全神貫注，而削下的火腿薄片，乾得如一層透明紙，泛著紅漬漬的油光，吃下口又絕不油膩，滋味新鮮卻又口味豐富，完全把豬肉變成另一種神奇食物。吃Jamon Iberica時，不用搭配其他食物，純粹單獨品嚐，一口一口吃下醃肉在時間中變化的祕密。而如果搭配上陳年的雪莉酒，每一口吃的都是歲月陳跡的魔幻。

在塞維亞一周，天天喝雪莉酒，從辛烈（Fino）喝到柔順（Cream），再喝到渾厚（Oloroso）。臨走前，忍不住到當地的雪莉酒專賣店買一瓶上好的陳年雪莉酒，你猜年齡多久，竟然超過一百年，是上世紀的產物。但雪莉酒的年份是不會在瓶上註明的，最多只有一行西班牙文寫著「非常非常老的酒」（Mucho Vuejo）。

一百年的酒，聽起來挺可怕的，但因為雪莉酒總是老酒加新酒，因此並非整瓶酒都有百年歷史。而雪莉酒和波特酒有一點不同，即裝了瓶的雪莉酒，不會再在瓶中老化。因此百年的歷史就封存在瓶中。

買回了百年的雪莉酒，小心翼翼帶回台北，真不知道何時會開瓶，

也不知道開瓶後飲用是驚喜或失望？真是不可預期，這也算是品酒一樂也。從飲酒體會出人生諸多轉折，不也一樣難以預料？

南加州的
夏日酒

我最喜歡去的酒吧,是一家名叫「鱷魚」的加州餐廳的酒吧,位於格林大道的一處方場,四處都是美麗的西班牙式建築。鱷魚酒吧擅長調製冰凍黛綺莉。盛夏啜飲摻入檸檬的冰凍雪泥,立即涼沁心脾!

有好幾年，我每年夏天都會住到洛杉磯的巴薩迪納（Pasadena）去，因為外子的父母住在那裡。在巴薩迪納的生活，總是那麼慵懶悠閒，房子後院有個大果園，種滿玫瑰花、香草和各種果樹，有檸檬、橘子、柿子和酪梨；夏天時，果樹綠葉蔥蘢，我們在樹下綁上吊床，可以躺在上面看書、打瞌睡。

　　有時清晨起得很早，南加州的空氣微涼，正好留一段時間可以躺在吊床上，幾條大小狗在樹下跑來跑去。有時，我會為兩人做上一份講究的貝果夾燻鮭魚及軟起司，在吊床吃著，並配上一杯清涼的螺絲起子（Screwdriver）。

　　清晨的螺絲起子做得並不道地，橘子汁下很多，伏特加只有一些些。些微的酒氣，讓橘子汁喝慢一點，也讓身體微微鬆弛。有時吃完早餐，接著又打了會盹，等白花花的陽光透過樹影照在眼簾上時，才又真正醒過來。

　　不上班的人，在南加州的日子，一天長得離奇，因為到哪裡都遠，有時索性哪兒都不上，就在住家附近，騎著單車瞎晃，但總是不遠。上午時洛杉磯的日頭已烈，街上根本沒人騎車，才不過半個鐘頭，已經全身大汗，只好找個陰涼的酒吧避難。

　　我最喜歡去的酒吧，是一家名叫「鱷魚」的加州餐廳的酒吧，位於格林（Green）大道的一處方場，四處都是美麗的西班牙式建築。鱷魚酒吧擅長調製冰凍黛綺莉（Daiquiri）。盛夏啜飲摻入檸檬的冰凍雪泥，立即涼沁心脾；開胃後，再食一客混合了酪梨的加州式漢堡，或以北京鴨為餡的披薩餅填填胃。

　　有時興致來了，傍晚時分，開上租來的敞蓬跑車去聖塔莫尼卡（Santa Monica）的海邊，有一家面對太平洋的船屋餐廳，可以執著一杯產自不遠處的聖塔芭芭拉（Santa Barbara）的白酒，走在長堤上，面對著絢爛無比的夏日夕陽，輝煌的橘色、紫色、洋紅色彩帶在寶石藍的夜空中跳著飛天舞。

再晚一點，就是西好萊塢（West Hollywood）的酒吧的熱潮時光了。城裡最漂亮的男孩女孩，總在幾個固定的酒吧亮相，在日落大道上的「都柏林愛爾蘭威士忌酒吧」，總有一些影視名人在那兒串連，如果哪個漂亮男孩女孩被看上眼，也許就一朝麻雀變鳳凰。

　　更晚一點，有搞頭的人都去參加私人的家庭派對，流連在城內酒吧的人，常是失戀及寂寞的人。

　　最常開私人飲酒派對的是馬里布（Malibu）海灘的別墅，拉風的人家有著自己的私人沙灘，好玩樂的主人，總把酩悅香檳藏在沙洞裡，讓入夜後的冰涼潮汐撲打，然後像尋寶般地一瓶一瓶打開瓶上還沾著細沙的香檳，一口飲盡夏日的酩悅。

東京
一夜燒酎

燒酎在日本則是非常庶民的酒，日本人是北方民族，非常愛喝酒，
這點有點像北歐一帶的人們。入夜的東京常常看到喝醉的人們，吐
了一地的燒酎味，使我對燒酎一直有種恐懼。

一九八四年的夏天，我在東京旅居一個月。在那段時間，我迷上吃串燒及喝沙瓦（Sawa；加冰塊的摻了檸檬汁或梅子汁的燒酎）。常常在遊逛一整天大東京各區，晚上腳痠腿麻，搭地鐵回朋友位於目黑區的家前，總會打電話約朋友在地鐵站前的串燒屋碰面，叫一些烤香蔥、雞肝、銀杏、鰻魚肝、香菇等吃了也不會飽的小點來滿足嘴饞。主要的目的其實是喝酒聊天，常常一聊就是兩三小時，雖然離朋友家只有五分鐘步程遠，但在小酒館喝酒聊天，可比回家有意思多了。

那時台北還未流行各式串燒店，等到流行起來後，我也常去不同的串燒酒館坐坐。但不知道怎麼回事，就是尋不回像當初目黑那家居酒屋那般的氣氛。那家店不大，總共只能坐二十人不到，都圍著串燒師傅的櫃台坐，師傅的一舉一動都在眼中。一邊吃著自己桌前的串燒，鼻裡還聞著正在炭火上慢烤的各式燒物，師傅會和常客聊天，有的常客也互相閒扯。大部分的客人都是附近社區的居民，下班後，享受一段閒散時光，才準備回家去面對另一個人生責任。

吃完燒烤，喝一口檸檬或梅子的沙瓦後，通體清涼。老闆很得意自己調沙瓦的手藝，檸檬汁是新鮮的，梅子汁則是自家釀的，難怪特別可口。後來我在台北、東京到處找一樣好喝的沙瓦，卻找不到當初的味道。

而燒酎在日本則是非常庶民的酒，日本人是北方民族，非常愛喝酒，這點有點像北歐一帶的人們。入夜的東京常常看到喝醉的人們，吐了一地的燒酎味，使我對燒酎一直有種恐懼。

不過，有兩種喝燒酎的方式，卻很能挑逗我的情緒。一種是冬天的東京街頭，入夜後有些地方搭起帳蓬，裡面會有個小小攤子，賣著燒烤物或烏龍麵等，也賣滾燙的燒酎；有的燒酎還用錫罐子裝，好像真的在野外行軍。這種晚上才出現的流動攤販賣的燒酎，讓我產生一種寒冬送溫情的感覺；有幾次，在徹骨寒風中，我都忍不住鑽進帳蓬中，既可躲冷又可在薄弱的光影下蜷縮著身子，吃喝點東西暖胃。

還有一種賣燒酎的方式，也讓我很心動。就是自動販賣機販賣的各式燒酎，有錫箔盒包裝的、玻璃瓶的、鋁罐的等，立在販賣機的架上招搖著。

　　一九八〇年代中葉，日本人瘋狂著迷於自動販賣機產業，什麼東西都可以放進機器中。但是連酒也公開販賣，實在有點奇怪，覺得不可思議。如果小孩也去買酒喝怎麼辦？但日本人是經濟動物，似乎不考慮這點。這些自動販賣機像怪獸一樣，可以出現在任何場合，車站、鬧街看到不稀奇，旅館、火車上也有，最奇怪的是有些沒什麼人的巷道，有時轉角也會放著一台大自動販賣機。

　　一九八六年二月，我在東京、京都、大阪一帶自助旅行，有時太晚回民宿，路上陪伴我的竟然都是這麼每隔一段距離就會出現的自動販賣機。有時還會一處放了好幾個，像衛兵一樣站著，有的賣糖果、餅乾，有的賣可樂、果汁，有的賣酒。我對於那種在深夜黑暗的街上，閃著白光，透明玻璃窗內擺放的各式燒酎、清酒，都會有一種奇怪的感覺，特別覺得它們像外星人一樣，有種「怎麼會出現在這裡？」的感覺。我習慣看到酒出現的地方，還是餐廳、居酒屋或超級市場的橫架上。

　　後來，從大阪坐夜車去東京，那一天下著雪，火車在一片迷茫的紛飛白雪中行駛。我睡不著覺，走出臥舖外的車廂，才看到火車上竟然也有自動販賣機，還賣著酒。我看到一個大學生樣的男孩丟錢買了一罐加熱的燒酎，也許我注視他的時間太久了，他看了我一眼後又丟入一些錢，買了另一罐酒，而且遞給我。

　　原來他是東京早稻田的學生，家住在神戶。那時我還不知道村上春樹，因為村上也還沒去羅馬寫出他那轟動日本及台灣的《挪威森林》。我倒去過早稻田，很喜歡學校附近的一家學生開的爵士酒吧，在地下室，小小的，一聊起來，這個早稻田的男生也是那兒的常客。

　　兩人聊起了爵士樂，竟然還頗投緣，我還回房拿來旅行時一定隨身攜帶的隨身聽，兩個人用耳機聽著邁爾士‧戴維斯（Miles Davis）的音

樂。兩個人竟然這樣邊聊、邊聽音樂到了東京。入站前，火車還因雪太大，鐵軌需要清除積雪而停在站外一會兒。早稻田男孩問我待會兒去哪裡？我說要去朋友家，他便留下他的地址給我。

火車到站了，我回房去拿行李。出站後，兩個人沉默地走了一會，似乎都沒有話說。到了通往地鐵的通道上，我看看自己的地鐵線，向他道再見，兩個人轉向不同的方向走了幾步，我還是回頭望了一眼，沒想到他也回頭望，兩個人站在那裡，忍不住笑了。

他走向我，問我要不要和他一起去他家，他說他一個人租房子住，我也可以住那裡。我真的考慮了幾秒，老實說，我有點受到誘惑，但——我還是決定拒絕，我表示已經和朋友約好了，不能不去，會再和他聯絡。

這回是真的分手了。我慢慢走向我的地鐵月台，站在月台上有一陣迷茫，不知道自己是做對了還是做錯了。那時的我當然還不會知道，幾年後一個日本單身女孩到台南旅行，也在車站遇到一名相當清秀的本地男孩，他邀她回家，而從此那個女孩就回不了家了。這件新聞發生時，我看到那個台南男孩的照片，人長得十分俊秀，和那個早稻田的男孩竟然有幾分神似；他們都有一張真是好看及讓人信任的臉。

迄今我仍不知道我錯過的是什麼？一樁台灣單身女性旅人失蹤的故事？還是一場短暫的異國之戀？總之，到了朋友家後，我決定把早稻田男孩留給我的地址丟掉，為了怕自己不夠堅決，我還把紙片撕得碎碎的，直到認不出筆跡。畢竟，我們雖然有一夜很盡興的相處，但這樣的相識，竟然是起於自動販賣機販賣的燒酎，好像不是太好的開始吧！就當是一場短暫的邂逅吧！

上海醉眼
朦朧酒吧

擠進酒吧，人潮擁擠，朋友果然遇到不少熟人，一路打著招呼。大家都一樣，寂寞的晚上，便來到這裡，尋找認識的面孔，提醒自己在上海這樣的大城市中並不孤單。但這些酒吧中的熟面孔，是絕不會在白天相見的。

躺在「Face 酒吧」的鴉片榻上，朋友叫了一瓶酩悅香檳，兩千元台幣，在上海是高物價，但世界上也沒有別的酒吧可以用這樣的價錢叫法國香檳。朋友說，有的晚上，他會一瓶一瓶地叫著香檳，直到大家都喝醉了。

　　喝醉後，走出 Face，就是瑞金賓館的花園。這裡昔日是賣鴉片的盛家老三的宅邸，民國時宋美齡的的官邸，解放後尼克森、季辛吉的國賓館。花園在夜空下撲朔迷離，早春的櫻花在夜色中搖曳，幾個朋友在寬廣的草坪上奔跑，說下回要帶些煙火來燃放。

　　不放煙火的上海夜空也是美麗非凡。因為濃厚的煙塵，像洛杉磯一樣，使得上海的夜空常常是紫色的。在花園中散了一會步，朋友又說，再換一家酒吧續攤吧！沒來上海之前，早已聽說上海的夜生活是酒吧串成的，不同的人去不同的酒吧，最後都是喝醉了回家。

　　從瑞金花園的後門走出去，就是茂名南路，這裡像台北早期的雙城街，是老外夜晚廝混之處。有一家叫「Judy」的，據說有最多美麗的上海寶貝在那兒挑外國男人，也被外國男人挑。沿著茂名南路往下走，兩旁都是茂盛繁密的大樹，也像早年的中山北路，從酒吧一起出來的男女，不急著打的士（搭計程車），沿著白磚道走一會，醒醒腦中的酒意，也許會讓慾望消褪幾分，但卻升起幾分的浪漫情意。

　　茂名南路上有一些搖頭酒吧，白色的小丸子像薄荷糖般傳來傳去。這一陣子抓得緊，許多酒吧門前都貼著告示：本酒吧不歡迎搖頭丸。寫給公安看的吧！朋友在「蝴蝶吧」沒遇上熟人，有些寂寞，就說要去「一九九七」碰人。才走進復興公園，九七果然是城內最熱門的酒吧，連噴水池前的庭園都站滿人，許多人手裡拿著啤酒罐，邊喝酒邊等候座位。

　　擠進酒吧，人潮擁擠，朋友果然遇到不少熟人，一路打著招呼。大家都一樣，寂寞的晚上，便來到這裡，尋找認識的面孔，提醒自己在上海這樣的大城市中並不孤單。但這些酒吧中的熟面孔，是絕不會在白天

相見的。大家都挺有默契，白天街上遇見也不招呼，但晚上酒吧相遇卻很熟絡，好像大家白天都是隱形人，晚上卻是一群鬼。

九七也有漂亮的男孩女孩，但比較嫩一些，還在等待，並未準備好上場挑人或被挑。早春的夜晚，還帶著一些寒意，不少男孩女孩都裹著羽毛圍巾，該是一種流行吧！有個二十出頭的男孩，圍著粉紅色的羽毛，有一張清純俊秀的臉蛋，是會叫人看了心疼的樣子；他手上也端著一杯粉紅色的酒，叫粉紅色的吻。這樣的男孩是同志嗎？還是仍在邊緣地帶？

朋友今晚很樂，也許想盡地主之誼，讓我這個從台北來的，見識一下上海的醉眼朦朧。從九七出來，朋友又提議去「T8」，是城裡酒吧的新寵。T8在新天地，坐落在古舊的石庫門巷弄中，破敗的建築整修過門面，但仍有遲暮的滄桑。T8內到處是光，在夜晚中，有如一座航行的燈塔，呼喚著想酩酊的旅人。

我們在T8叫了威士忌加冰塊，琥珀的光澤流動，如同整個酒吧的氛圍。T8中有不少新上海人，都穿得光鮮畢挺，神情冷靜而世故，有著香港、東京、紐約人般的疏離態度。

從T8出來後，夜已深沉，街上的士車少了許多，早春梧桐樹抽出的新芽，在月光中恍如綠色的小精靈。我們走在尚未整修的舊石庫門的狹窄石道巷弄中，一夜情緒很High的朋友卻突然說，來上海三年的他，越來越寂寞了。

我們沉默地走了一會，我心裡想著該回旅館，體內的酒精已經蠢蠢欲動，隨時會令我微醺。但朋友卻不肯在有點消沉的氣氛下結束此夜，他不想還帶著奇異的清醒，回到他獨居的家中。朋友說，我們去世界上最高的酒吧！

的士往浦東開去，一群超高層的鋼骨建築，在黑夜中如同高科技的外星怪物，好像都在說著一些奇怪的語言似的。凝視這些建築太久，竟然會有些暈眩，彷彿聽到了銷魂的魔語。

我們坐在金茂凱悅飯店第五十四層的酒吧中，往外看，四周都是浦東彷彿碎寶石般的零星光亮。朋友又開了一瓶紅酒，今夜他是蓄意要喝醉了。

半夜三點鐘，隔桌有一群人還在談生意，講的都是大投資。這個昏睡五十年的城市，一旦醒過來，竟然這樣不眠不休追趕資本主義的狂流。但我已經睏了，只能醉眼看上海。

在醉眼中，我看到這個城市，充滿寂寞的人、迷失的人、困惑的人。這不是我原本準備看到的上海，卻也是夜上海無法遁形的一面。

在醉眼朦朧中，上海美得沉淪，緊緊地抓住了一些軟弱的人們，和她一起沉淪。

台北
戀戀酒館

飲酒，記憶的不只是酒，還有難忘的人事。誰人曾與你共用酒杯，
誰人曾為你倒酒、調酒，誰人曾和你飲酒時交換迷茫的眼神，誰人
在酒後酩酊時對你傾訴，誰人曾留你獨飲哀傷的酒，誰人又期盼著
和誰月下共飲……

在一個城市生活幾十年後，就像美酒經過時間的沉澱，對城市的記憶和感情也越沉越深。年事漸長，許多和人、事及感官經驗有關的事，常常不由自主地浮上心頭。

每次在家中打開冰箱拿啤酒來喝時，總會想起早年在台北不同地方喝啤酒的經驗。最常想到的，當然是早就關門的「天才咖啡廳」。坐落在西門町西門戲院旁的小巷中，在這間專門播放重搖滾音樂的一九六〇年代咖啡廳中，我喝下了最多青春年華的啤酒。

當時才國中三年級的我，正和一個基水（基隆海專）的男孩熱戀。那個男孩，有著悲哀的身世，在一次因為做了什麼調皮搗蛋的事，惹得父母為他爭吵起來，當天晚上母親一氣上吊身亡，男孩之後也被父親送到華興育幼院。

這樣悲傷的故事，我就是在天才咖啡廳搖滾樂的嘶吼中，聽著男友低聲敘述。我迄今仍然記得，他那雙深沉而憂鬱的眼神，之後我喝的那杯因久置而變得苦澀萬分的啤酒的滋味，也至今難忘。

高中換男友後，不再去天才了，改去昔日西門町今日大樓旁小巷中的「天琴廳」。天琴廳當時有不少現代派畫家及詩人出沒。天琴廳有供應調酒，但酒牌十分簡單，都是剛入門的雞尾酒款；那時的我，最常叫的是可樂加蘭姆酒，叫「自由古巴」（Cuba Libre）。其時還不滿十八歲的我，在美國是叫不到雞尾酒的，但在當時的台北，卻沒人管這種清教徒的禁酒令，因此在當年社會和政治還十分壓抑的時代，反而可以在咖啡廳叫酒的我們，享受了另一種「自由台北」的時光。

在天琴廳時代的我，同時和兩個特質很不同的男友交往，彼此也都會在天琴廳遇見。當時這段愛情三重奏從來不曾出過問題，如今想起，才知多麼不可思議。當年或許對大家都有點辛酸的愛情，今日回想起來，卻只剩下異乎尋常的甜美，就像當年其中一個男孩常點的「綠色蚱蜢」雞尾酒（Grasshopper），初入口青澀微酸，卻越喝越香甜。

高中時代熱愛寫現代詩的我，常攜帶空白的筆記本，浪跡在不同的

喝酒地方。會供應酒的地方，都是黑漆漆的，不宜看書寫作，但寫詩絕無問題。當年常去的地方，有項子龍老友開的「稻草人」；位於羅斯福路台大附近的這家咖啡酒館，當時有屏東來的陳達在那兒唱他的〈思想起〉。許多常去稻草人的面孔，日後彼此都成了朋友，但當時大家都扮酷，在稻草人裡，常常一桌只坐一個人，每個人都自顧自地喝自己的酒、想自己的心事。

上大學後，發現一家小小的賣酒的餐廳，在雙城街，叫「馬蹄」，是當年少數有賣紅白酒的法國小餐館。在馬蹄，我開下平生第一瓶的紅酒，配著法國起司吃。

雙城街有許多酒館酒吧，很多都是不宜大學女生去的地方。那個時代，女人喝酒還常被當成「壞女人」。女人不宜上酒館酒吧，就像十九世紀初期，女人也曾不准上茶館、咖啡館一樣。而有些人上酒館，也許醉翁之意不在酒，但愛上酒館的我，最怕遇到這樣的人，還必須疾言厲色對付來騷擾的人。後來卻練出瞪人的功夫，只要無謂來人靠近，冰冷的雙眼一瞪，就能阻擋對方。

當年的雙城街，常去一家叫「犁坊」的酒館，很有英國啤酒館的風味；除了啤酒外，還可喝威士忌，在微醺之後擲鏢，往往特別準。有一次我和一男生打賭，在奇異的酩酊中，我竟然三支都中紅心！我至今仍相信這三支紅心鏢是酒天使代我擲出的，使得我當晚贏得一瓶蘇格蘭高地的威士忌。

上酒館擲鏢，後來廣為流行，天母東路的「犁舍」、金華街的「南方安逸」，都是愛鏢酒客流連之地。許多人都有一心得，即越酩酊，擲鏢越準，真不知何故。

從事電視劇本寫作之後，常常趕完稿，就躲到酒館去放鬆，這時最怕鬧哄哄的酒館。當時我發現老爺酒店二樓有一小酒館，永遠沒什麼客人，最多小貓客人一兩隻。這家酒館布置了英國都鐸式的絨布長椅，整個人可以窩陷在其中坐著，酒館又暗，又不放難聽的輕音樂，是個安靜

得離奇的酒館，那裡曾是我好幾年的祕密飲酒基地。我總是一個人，酒館內也常不見其他酒客，只有無聊的酒保怔怔地發著呆。這間心愛的酒館，後來因生意太差自然關門了。我早就知道遲早會有這一天，但內心依然十分惆悵。

後來住家附近開了一家小酒館，在復興南路上，有個有趣的名字「躲貓貓」。因為離家只有三分鐘步程，自然成為我常去之處。躲貓貓的黃昏，很安靜，坐在靠窗的位子，看著台北這個城市逐漸向晚，心境總會有剎那的空白，再喝上一杯冰涼的啤酒，覺得安適而自在。而在郝柏村施行宵禁的那一陣子，躲貓貓會在十二點後拉下鐵門繼續營業，真的是和法令「躲貓貓」。

有一陣子認識了一批愛拚酒的男生，在「攤」那樣的地方喝得惡形惡狀，啤酒、米酒、紹興、白蘭地、威士忌通通輪流喝。有一次參加一些瘋狂酒人的聚會，在座有一藝術家，據說已患有初期的酒精中毒，拿著酒杯的手會微微發抖，但眾酒友還是不斷和他划拳灌酒。我這一介女子馬上不忍，忙問身邊男性友人為何不放過他，只見此人用一大丈夫的口吻說，如果他拚不了酒，就不該上場，上了場就要顧自己的死活，旁人不必管。

那一次的喝酒經驗，讓我好久不敢和拚酒的男人一塊喝酒。用酒競爭，實在不合我意。有些男人常常犯下為他人喝酒的毛病，但飲酒的女人卻多為自己而飲。飲酒，心思好靜時最宜獨飲，有時坐在東區的酒吧中，看著周遭形形色色的人們，在無聲之中，卻覺得和整個城市聲息相通。與人共飲時，最宜遇到懂得品酒之人，大家喝著同一瓶酒，獨自領略，但也向彼此傳遞各自細膩的體會，在酒的化境中，共同躍入天人合一之感。

之後，因為長年旅行，久居國外，有一段時間對台北的飲酒地圖變得陌生起來，連「魯蛋」這樣的地方，竟然還是由一位外國朋友帶我去的。在那些年中，我的酩酊歲月不在台灣，而是在舊金山、倫敦、巴

黎、布達佩斯⋯⋯景物全非，但酒後總不免憶起昔日的人事。

再回台北定居後，慢慢又上酒館了。有一陣子紅酒熱如瘟疫般在城市蔓延，到處看到店家賣紅酒，有時竟連路邊的海鮮攤也有人不喝生啤酒而改喝紅酒，但其中真有不少劣質品。

在國外時，常跑各國酒鄉，經驗略通，以致人在台北，只喜歡在自己家中開紅酒喝，很少在外叫紅酒。尤其台北並沒有很好的葡萄酒專業酒吧，令我十分憶念巴黎的葡萄酒吧。真希望台北哪一天也能開起一間真正高級的葡萄酒吧，好提昇台北喝葡萄酒的文化。

除了葡萄酒，台北的啤酒館水準一向較佳。像「喜恩愛爾蘭吧」，位於六福威斯汀飯店地下室，其健力士生黑啤口味新鮮香醇，飲之，讓我一解在愛爾蘭喝健力士的懷念。

有的時候想起芝加哥的友人，以及在芝加哥濱湖區的時光，就會去位於敦化北路上的「Dan Ryan's」酒吧餐廳。那裡有標準的芝加哥酒吧氣氛，賣著芝加哥的蜜汁烤肋排，佐配米樂（Miller）生啤酒。鄰座有許多高頭大馬的美國中西部商人，在此消磨異國黃昏。他們在此是人在異鄉依戀家鄉，而我卻是人在家鄉懷念異鄉。

因為有國際漫遊的手機，於是一邊飲著長島冰茶，一邊興起撥號給在芝加哥的C。那裡正是早晨，正坐在通勤火車上的他，接到我的電話很意外，卻也很高興。身在台北芝加哥酒吧中的我，問起他芝加哥今日的天氣如何。C慢慢地描述他所見的窗外耀眼的藍天，但氣候卻接近冰點，真冷。我想起芝加哥冬天出不了戶的大雪。兩個人只聊了天氣，又彼此問好，就掛掉電話。芝加哥的時空斷了，我還在台北的芝加哥酒吧中。

又有一回，和一群中年男女在安和路巷中的「分水嶺」喝威士忌，幾杯下肚，大夥輪流談起早年的情愛。有個女子說，早年愛過的，卻不會再想起，但不曾愛到的，如今卻常常魂牽夢縈。愛與不愛的分水嶺，原來在此。

飲酒幾十年，雖不敢做癮客，但心底仍藏有一小小的酒蟲，偶爾就會爬行起來。然而飲酒無數，總忘不掉第一次喝啤酒、喝威士忌、喝冰凍伏特加、喝琴湯尼、喝血腥瑪麗的滋味。之後再喝，都像是回味第一次的滋味，就像許多的愛情，都不過是重溫初戀的悸動一般。

　　飲酒，記憶的不只是酒，還有難忘的人事。誰人曾與你共用酒杯，誰人曾為你倒酒、調酒，誰人曾和你飲酒時交換迷茫的眼神，誰人在酒後酩酊時對你傾訴，誰人曾留你獨飲哀傷的酒，誰人又期盼著和誰月下共飲……

　　台北酩酊，酒也酩酊，情也酩酊。匆匆數十載，歲月也酩酊，如露亦如電。

一起微醺

永遠的
食神

幾次在露露姐的廣播節目，或是南村落的活動中，她總能以一個退一大步的 「旁觀者」更廣大視眼來提出與我這個廚子，對傳統菜餚不同的思維。

我心中永遠的食神（兼女巫）露露姐，對於食物總有個令我筆記滿滿的觀點。

　　像面對不同語言般，她可以將他們系統之間的關聯釐出。也能像導遊有個心中的地圖，帶領後輩漫步在複雜區繞的街廓中心賞有趣的差異。

　　「滾滾紅塵」、「朝生暮死」……

　　那天下午露露姐和我在餐桌上聊著的不是人間的男女情愛，而是戲謔著已經成為都會男女潮流指標的「世界最佳美食」。

　　幾次在露露姐的廣播節目，或是南村落的活動中，她總能以一個退一大步的「旁觀者」更廣大視眼來提出與我這個廚子，對傳統菜餚不同的思維。

　　「在那個十六世紀會用紅蘿蔔嗎？」

　　「那應該是波旁王朝引進的法國風格！」

　　當我雕琢在盤中的烹製排盤時，她已將目光遙望古方遠始，思考左右地理區塊的影響、歷代統治者、過往殖民者的足跡對料理的影響。

　　就如同對很多讀者而言，露露姐開啟了對世界的窗，也勾繪出一條回溯源頭的路徑。

　　我自那時才開始自負的認為，我也不該只是個「廚子」的頭殼，再加上忙碌痠痛的四肢。也開始試著將每道菜餚之後的那個骨幹、筋絡釐清。

　　似乎當廚子暫忘了「才華」，多了對古人的想像與揣摩，當菜餚與源頭連上了線，當世俗紅塵落定。也許呈上盤中的風味，更會讓人理直氣壯呢！

　　謝謝妳，露露姐！教了我有個自己摸索、思考的小露台！

王嘉平｜義菜名廚J-Ping、Solo Pasta和Solo Trattoria餐廳主人

像良露
這樣的酒友

與良露喝酒，則是要把腦中幾處門閘同時開啟：美食、旅行、文學、電影……當然，更多時候你只是如同聽著彩衣吹笛人的笛聲欣然起舞，或是聽著海上女妖的歌聲繼續航向未知的海域。

餐桌上擺了一瓶未開封的Grappa*（葡萄渣釀白蘭地），那是2014良露歐行歸來送自己的一瓶酒。

為什麼會送這瓶酒？是因為自己提起過初嚐Grappa的興奮，那是多年前義大利航空友人招待自己在東京的義大利餐廳進食的驚艷，而晚餐結束時的一小杯高酒精濃度的Grappa，彷彿將一晚的美好急速凍存，所有的滋味都存在舌喉胃腹的味覺記憶之中。

或者，是良露在提醒自己：這世界上仍有太有趣的地方待人探訪；一盤季節食物，一杯地方佳釀，等待著我們去品嚐。

喜歡喝酒，也因而認識一些酒友。

跟攝影圈的酒友聚餐喝酒，求的是一個爽快：大塊吃肉、大杯啜飲、大聲說話……喝著喝著，彷彿也處在街頭運動裡，情緒昂揚的時刻。

與葡萄酒發燒友小酌，談的可能是酒體的厚重、氣味的分辨……甚至是下酒令般的作文形容。

與良露喝酒，則是要把腦中幾處門閘同時開啟：美食、旅行、文學、電影……當然，更多時候你只是如同聽著彩衣吹笛人的笛聲欣然起舞，或是聽著海上女妖的歌聲繼續航向未知的海域。

良露的喝酒邀約，常是如春雷般的突如其來。

「阿和，來了個上海朋友，挺有趣，來一塊兒喝酒吧！」

這……還在看打樣哪！

「這上海朋友說，台北她只想去兩處，一處是敦南誠品，一處是大辣出版。」

是，馬上到，這也太充份的喝酒藉口啦！大辣，台灣之光！是吧！

跟良露喝酒，其實跟她吃飯一樣，你總是乖乖的當聽眾，安心吃喝即可。不過好酒之徒，總會有些與眾不同的經歷；同樣的城市，同樣的酒精，也常是不同的喝法。

有一回喝酒時，聊到香檳區。良露敘說著在香檳之城艾培（Eperney）的遊走，在小鎮上找家餐館吃著煎鱒魚配上在地香檳，是個美好的地食地酒經驗。

自己因為與幾位車友曾騎過香檳酒區，夏日在丘陵起伏的葡萄田裡，竟然找到一家鄉間的咖啡館……沒錯，這區的咖啡館也賣香檳，而且常是那種沒聽過名字的小酒莊的香檳；夏日午後，沁涼的香檳讓汗水淋漓的身軀肌膚輕顫疙瘩，也是種難忘的暢快記憶。

有回聊到啤酒，良露說著她在幾個地方喝精釀啤酒的經驗，甚至在舊金山港區試著訂製以她的法文名字「Lucille」為酒標的啤酒。自己則提供比利時瑞福（Rochefort）修道院啤酒的走訪，那個山中修道院啤酒廠本不對外開放，自己因為是單車朝聖之旅，也就打算到門口小坐拍張照即可。沒想到被開車出門的修道院神父招了招手，說啤酒廠沒對外開放，但可進教堂小坐，可否？！當然當然，然後在教堂裡聽了一段果戈里聖歌的合聲禮讚，讓人如同沐浴在神聖的光芒之中。

像良露這樣的酒友，是直接可以列入「友多聞」那區。

有時，你要去個陌生之地，比如西班牙的美食之都聖‧賽巴斯坦（Saint Sebastien）；她會告訴你這個城市的歷史，巴斯克在法國西班牙兩地的差異……當然，到最後她會給你一兩個吃喝建議。

　　像良露這樣的酒友，總讓人覺得自己這麼努力工作實在是太不應該。

　　她總讓人覺得日子是該用來散步的，生活該是以閱讀為主吃喝為輔，工作應該是閑逛之餘去做的事。（她的確也是這麼過著日子。）

　　然後，這世界好大，好多地方我們未曾走訪……土耳其的八角酒（Raki）還沒喝過，古巴的黛綺莉（Daiquiri）還未曾領略，聽說愛爾蘭的健力士（Guinness）異常甜美……

　　看著桌前的這瓶Grappa……

　　好的，良露，我去完義大利這酒區，回來再喝。
Salute＊！Lucille！

黃健和｜大辣出版總編輯、單車客

* Grappa葡萄渣釀白蘭地：義大利獨有的蒸餾酒，用葡萄榨汁後剩下的殘渣（包括葡萄皮、果梗與種籽）為原料，去發酵變成酒後蒸餾釀製而成，酒精濃度為35％至60％。其風味類似葡萄酒，與所用的葡萄品種與品質有關，酒液晶亮透明，入口辛辣，最常當作餐後酒飲用。尤其是在飽餐一頓義大利美食後，感覺胃脹無法消化，就喝點 Grappa吧！
* Salute：Santé則是法文版本，有祝福健康之意，在義大利則是用Salute，然後有延伸至乾杯之意，喝酒時說Salute，就是讓我們為生活乾一杯，不管是甘是苦，在當下，讓酒精昇華我們的歡愉或麻痺生活上的不開心。

一
起，

Happy
Hour

微
醺

Happy
Hour